あなたの愛する動物と話そう

ローレン・マッコールが教えるアニマル・コミュニケーション

ローレン・マッコール／著
石倉明日美＆川岸正一／訳

TALK TO THE ANIMAL
THAT YOU LOVE

LAUREN McCALL TEACHES YOU
ANIMAL COMMUNICATION

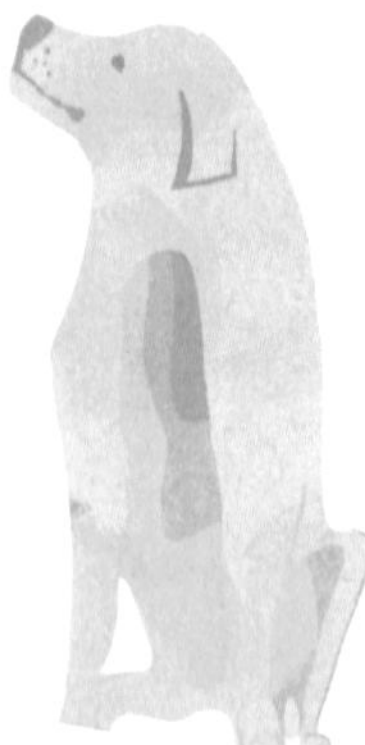

ハート出版

To Helen.

ヘレンへ

新装版の出版にあたって

本書の初稿執筆時、そして今回の新装版に向けた加筆修正。私はこれらの仕事に愛情を注ぎ、取り組んできました。執筆を通して得られたものもあります。過去20年以上に渡って私が動物たちについて学んできたことを皆さんに伝え、また、愛する動物たちとの大切な絆を感じられるよう、皆さんをお手伝いする機会です。

あなたの目的は、共に暮らす動物と話をすることでしょうか。動物に関わる仕事に就き、アニマル・コミュニケーションを活用することでしょうか。もしくは、自分自身や自分を取り巻く世界について、より深く知るためでしょうか。いずれにせよ、アニマル・コミュニケーションについて学ぶ旅は、あなたにとって素晴らしい経験となることでしょう。

この本は、テレパシーを使ったアニマル・コミュニケーションを学ぶだけでなく、人生、他の動物や人間との関係性、さらには魂の持つ目的について、動物たちがどのように考えているのかを知る手助けとなるはずです。

地球とそこに住む全ての人々、そして動物たちが幸福になるためには、皆がお互いに繋がるべきであるという考え方が認知された、まさにそのタイミングで、この『あなたの愛する動物と話そう』(新装版『ローレン・マッコールの動物たちと話そう』)の出版が決まりました。アニマル・コミュニケーションを利用すれば、自然界との友好関係を取り戻し、理解を深めることができます。また、責任感に溢れ、豊富な知識を持つこの惑星の住人同士の絆も取り戻せることでしょう。

作家が一人パソコンに向かうだけでは、本を出版することはできません。ここで、本書の企画当初から欠かせない存在だった翻訳者の石倉明日美さんにお礼を言いたいと思います。私の仕事、そして動物たちが私たちに与えてくれるものの価値を理解し、サポートし続けてくださっているハート出版の皆さんにも心から感謝します。

愛する友人や家族のサポートにも、感謝を捧げます。私の大親友であり、応援団であり、相談役でもあるデビー・ポッツ。姉のキンバリー・ドアティ。あなたと共に人生を歩むことができて光栄です。友人であり、仕事仲間でもある山崎恵子さんは、日本の皆さんにアニマル・コミュニケーションを広めるべく、尽力してくれました。そして、優良家庭犬普及協会と、その事務局長である佐々木靖幸さん。アニマル・コミュニケーションを学ぶ機会を皆さんに提供できるよう、私の講座の運営を担ってくれています。

共に暮らす動物の家族にもお礼を伝えたいと思います。アリー、そしてルーク。あなたたちは、今この瞬間を生きること、ありのままの人生を楽しむことを思い出させてくれる存在です。永遠の友であり、私のミューズでもあるカディジャ。これから先も、私たちはいつも一緒よ。

はじめに

私にとって、かけがえのないもの——

それは、我が家で一緒に暮らしている動物たちです。

あなたにとっても、同じではないでしょうか。この本を手にしているということは、あなたも動物たちを、友達や家族の一員だと考えているんでしょうね。もしかしたら、動物たちとの間に、単なる触れ合い以上の、あなたたちだけにしかわからない感覚的な絆のようなものを感じたことがあるのではないでしょうか。

実際、こんな風に考えたことはありませんか？

——愛する動物たちとの絆を深められたら、どんなに素晴らしいだろう。

——動物たちと実際に語り合うことができたら、どんな感じだろう。

アニマル・コミュニケーションとは、テレパシーを使って動物たちと心を通わせる手法を指す言葉です（詳しくは、本書の中でお話ししていきます）。

あなたは一緒に暮らす動物たちが何を、どう感じ、考えているのか、知りたいとは思いませんか？　ベッドをどこに置いて欲しいのか、どんな食べ物が好きなのか、何をして遊びたいのか、自分が買い物に出かける時に、一緒に車に乗りたいのか……。毎日の生活の中で彼らが望んでいることを、もっと理解したいという人もいるでしょう。
　動物たちの問題行動を直したい人や、健康問題について彼らと話したい人、中には、動物たちの死生観について興味がある人もいるでしょうね。
　アニマル・コミュニケーションを学ぶ理由は、人それぞれですし、あなた自身の理由は何であっても構わないんですよ。この本を読んで練習し、実際に動物たちと話せるようになれば、彼らと過ごす時間がより素晴らしいものになるはずです。

　アニマル・コミュニケーションをするには、特殊な能力が必要だと思っている人もいるかもしれませんが、そんな能力は一切必要ありません。実際、私には特別な力などありませんでしたが、30代後半に入ってから、独学で〝動物たちと会話する方法〟を習得しました。
　アニマル・コミュニケーションの存在を初めて知った時、私はこう思ったんです。
「何だか胡散臭いけれど、本当の話だったらいいなぁ！」って。
　あなたも同じではないでしょうか？　動物たちと話ができるなんて、これ以上に楽しいことはないでしょう？　ただ、その時の私は、まさか自分が動物たちと話せるようになるなんて、夢にも思いませんでした。そんなことができるのは、超能力者や風変わりな名前を持った占い師だけだと思っていたんです。
　私は国際関係論の修士号を持っています。それに、いくつかの国を渡り歩きながら、銀行、出版、印刷、教育といったさまざまな分野のマーケティング業務に携わってきたので、ビジネス社会での経験も豊富にあります。そして、分析的な思考に長けているほうだと自負してもいます。

そんな私にとって、アニマル・コミュニケーションは未知の世界のものだったので、

「動物と会話するなんて、私にできるわけがない」

と思い込んでしまったというわけです。実は、初めてコミュニケーターに仕事を依頼した時も、

「うちの子たちと話をして、意味のある情報を得るなんて、本当にできるのかしら？」

と、半信半疑でした。でも、驚いたことに（そして嬉しいことに）そのコミュニケーションは成功しました。私たちは、その会話の内容に随分と助けられたんですよ。

そして、その時から私は、〝疑いつつも新しい考え方を取り入れる人〟から〝アニマル・コミュニケーションの信奉者〟に転向したんです。

こうして、私はアニマル・コミュニケーションが絵空事ではないと確信することはできましたが、それでもまだ、「私にできるはずがない」という考えを捨てられずにいました。

私にあったのは、ただひたすらに、重いガンにかかった愛犬のルーと話したいと願う気持ちでした。ルーに病気のことや、今後の治療法を伝えたい。そして彼女にとって一番よいと思われる治療を選ぶつもりでいること、それが私の彼女に

対する愛情なのだということを伝えたいと心から願っていたのです。

自分の心の中にこのような溢れる思いがあったからこそ、私はアニマル・コミュニケーションを学ぶ決意ができたんです。そして、この思いが私の支えとなり、必死の努力を積み重ねた末に、私もアニマル・コミュニケーションができるようになりました。

最終的に、ルーとはとても深く心を通わせることができました。彼女は私に、動物や生命についてたくさんのことを教えてくれただけでなく、無条件の愛についても教えてくれたんです。

どのような理由で学ぶのかはあなたの自由です。一つ間違いなく言えるのは、動物たちの持つ洞察力やユーモア、知性、そして彼らの客観的なものの見方を知り、楽しめるのが、アニマル・コミュニケーションだということでしょう。

私は、**アニマル・コミュニケーションを学ぶこと＝〝心の旅〟**だと考えています。合理的に物事を考える（私たち人間は、実に多くの時間をこれに費やしているんですよ）のではなく、自分の本質を見つけ出す、これが〝心の旅〟です。

よく聞かれる質問に「動物と話ができるようになるまで、どれくらいの時間がかかりましたか」というものがあります。

最初の１年程は、瞑想を利用したアニマル・コミュニケーションの練習をしていたのですが、実は私、この方法では挫折してしまったんです。驚かれるかもしれませんが、これは事実なんですよ。それでもあきらめきれなかった私は、自分なりのテクニックを考え出すことに成功しました。そのお陰で、かなり短期間のうちに力をつけることができたんです（本書の中で紹介するのは、この時考え出したテクニックです）。でも、自己流のテクニックを使うことで、詐欺師扱いされては困りますよね。そこで、このやり方が正しいと確信できるまで、自分の能力に自信が持てるまで、さらに練習を続けました。

その後、3年程はアニマル・コミュニケーションを研究し、練習を続けました。そして、やっとのことで自分をプロフェッショナルとして認められるようになったんです。

こうした経験から、アニマル・コミュニケーションを学ぶ〝心の旅〟に出発する人が、どんな気持ちになるのか、そしてどこで行き詰り、自信を失うのか、私にはよくわかります。

ただし、この本の中で紹介するテクニックやエクササイズは、すでに世界中で何千人という人々が練習し、身に付けることに成功したものだということを忘れないでくださいね。技師、獣医師、動物愛好家、銀行家、教師、ドッグトレーナー、獣看護士、トリマーなど、あらゆる職業の人、退職した人、さらには子供たちも、この本に書かれている方法で動物たちとコミュニケーションを取れるようになっています。また、私は今、誰にでも内容を理解してもらえるように、自分が何も知らない読者になったつもりで原稿を書き進めています。だから、どうぞ気楽な気持ちで読み進めてください。

私がこの本の執筆を決めたのは、日本の飼い主さんたちに、動物たちとの絆をもっと深めて欲しいと思ったからです。この本の中で動物（たち）と言う時は、コンパニオン・アニマルのことを指していると考えてください。コンパニオン・アニマルとは、私たち人間と一緒に暮らす動物たち——犬、猫、ウサギ、フェレット、鳥、ヘビ、亀、ハムスター、魚といった動物たち（もちろんこれ以外の動物もいます）のことを指しています。また、同じ屋根の下で暮らしているわけではないのですが、馬もコンパニオン・アニマルだと、私は考えています。

因みに、コンパニオン・アニマルを相手にする場合と同様のテクニックを使えば、野生動物たちと話すこともできます。でも、彼らは私たちとの会話を楽しんだり、興味を持ったりするとは限りません（逆に、コンパニオン・アニマルは、私たちとの会話を楽しんでいます）。それに、野生動物たちとのコミュニケーションでは、より高いレベルのテクニックが必要です。この本は初心者向けに書いていますので、そのテクニックについては、別の機会にお話しすることにしましょう。

この本を読んで、ここに書かれているテクニックを実際に試してみれば、動物たちとの会話がどんなに楽しいか、また、自分の生活にどんな変化が訪れるのか、すぐにわかると思いますよ。もちろん、地道な努力も必要ですが、その価値はあるはずです。これまでに思ってもみなかった方法で、動物たちとの絆を深めることができるんですからね。

さぁ、アニマル・コミュニケーションを使って、ワクワクするような世界を見つける旅に出発しましょう。動物たちは、あなたと話ができる日を今か今かと待っているんですよ！

この本では、各Chapterの最後に、そのChapterのポイントをまとめた《Lauren's Advice》を入れていますので、ぜひ役立ててくださいね。では、私からの最初のアドバイスはこちらです――。

Lauren's Advice

01. まずはリラックスしましょう。

02. あなた自身のペースで練習を進めるようにしましょう。

TALK TO THE ANIMAL
THAT YOU LOVE

LAUREN McCALL TEACHES YOU
ANIMAL COMMUNICATION

目次

あなたの愛する動物と話そう

ローレン・マッコールが教えるアニマル・コミュニケーション

本書は2011年に刊行した『ローレン・マッコールの動物たちと話そう』の新装改訂版です。

Talk To Your Animals
by
Lauren McCall

Chapter 1

動物って一体どんな存在なの？ 動物たちは何を考えているの？

動物たちは、一体どのように世の中を見ていると思いますか？　彼らとの会話では、まずはじめにこの点について学ぶことになるはずです。そこで、動物たちのものの見方をよりよく理解するために、「動物とはどんな存在なのか」理解しておきましょう。

よく、コンパニオン・アニマル——私たち人間と一緒に暮らす動物たち——は人間よりも進化が遅れている、人間よりも劣った生き物だと考える人がいます。動物は人間のように賢くないし、複雑な感情も持っていないというのが、彼らの言い分です。

では、あなた自身は動物たちのことをどう考えていますか？　動物たちとコミュニケーションを取る時には、これが非常に重要なポイントになります。なぜって、彼らは私たちが思っている以上に賢く、私たちの考えを簡単に見抜いてしまうからです。

〝動物〟とはどんな存在なのか

私は、これまでに何千という動物たちと話してきました。そして、その経験からわかったのは、動物たちも人間と同じような、複雑な感情を持っているんだということです。
　彼らは私たちと同じように、〝幸せ〟、〝悲しい〟、〝恥ずかしい〟という感情を持っていますし、反抗的になったり、物思いにふけったり、馬鹿馬鹿しいと思ったりすることもあれば、まごつくことだってあります。動物たちは、私たちが思っている以上に、複雑な考え方をすることもあれば、物事を推理することだってできるんですよ。
　確かに、動物たちは私たち人間のように学校で教育を受けている訳ではないので、私たち同様の〝知識〟を身に付けているとは言えません。でも、教育を受けたかどうかで〝賢さ〟は測れないですよね。動物たちが人間社会で生き延びるためには、その〝賢さ〟が必要不可欠なんです（もし魔法で動物に変身できるなら、彼らがどれほど賢いか、簡単にわかってもらえるんですが……）。動物たちは、私たち人間の都合で連れて行かれた新しい環境に適応し、その状況下で自分の要求を満たすことができますよね。もし彼らが賢くなかったら、それはかなり難しいだろうとは思いませんか？
　ひと言で〝賢さ〟と言っても、その度合いは動物の種類によって、また同じ種類の中でも1匹ずつ異なっています。特にイルカ、クジラ、類人猿、犬、猫などは、他の動物たちよりも推理力に長けていて、感情の微妙なニュアンスを伝えることができるんですよ。だからといって、ウサギやモルモットと話しても面白くないというわけではありません。実際、私はとても賢いウサギをたくさん知っています。
　ではここで、ハナちゃんという賢いウサギの話をご紹介しましょう。

　このハナちゃん、ある日を境にトイレの外で用を足すようになってしまったんです。といっても、その場所はトイレから左側に20センチほどのところだったので、本来のトイレの場所も、そのトイレを使わなければならないことも、ハナちゃんはちゃんと理解しているはずだと、彼女の飼い主さんは考えました。そこで、その飼い主さんはハナちゃんが用を足した場所にトイレを移しました。ところが、次にハナちゃんが用を足したのは、新たにトイレが置かれた場所の20センチほど左側でした。そして、飼い主さんがトイレを移動させると、ハナちゃんがトイレのすぐ側で用を足すというやり取りを何度か繰り返した後、とうとうハナちゃんの飼い主さんが私に助けを求めてきたというわけです。生まれてから2年間、トイレをちゃんと使っていたハナちゃんが、どうしてこんな行動をとるようになったんでしょう。

　そこで、私はハナちゃんに、トイレの左側で用を足すようになった理由を尋ねました。すると、彼女はこう答えたんです。

「わたしはただ、トイレをあの隅に置いてほしくなかっただけ。だって、あそこ寒いんだもん。だから、わたしがトイレの外で用を足せば、ママはわたしにトイレを使わせようとして、その場所に箱を移すんじゃないかなって思ったの。そうしたら、いつかはトイレが囲いの反対側まで移動するんじゃないかなって」

　さらに私は、どうして最初から囲いの反対側で用を足さなかったのかも尋ねました。

「だってそれじゃ、わたしの具合が悪いみたいじゃない。そしたら、ママはわたしを獣医さんのところへ連れて行くに決まってるでしょう。それが嫌だったの。わたしはただ、トイレから同じだけ離れた場所で、いつも同じように用を足せば、わたしがママに伝えたいことがあるってことに、ママが気付いてくれるんじゃないかと思ったの」

ですって！　彼女の飼い主さんと私は、この答えを聞いて大笑いしました。そして、トイレを囲いの反対側の隅に移してからは、ハナちゃんは前と同じようにトイレをきちんと使うようになったんです。

この１匹の賢いウサギの話を読んだだけでも、アニマル・コミュニケーションがどれほど役に立つか、そしてどんなに興味深いものなのかがわかりますよね。

私は、アニマル・コミュニケーションを通じて動物たちのスピリチュアルな部分、彼らの本来の姿について、とても貴重な事実を学んできました。ウサギや犬、猫、馬といった動物たちは、私たちが今いるこの三次元の世界、地球という世界だけに生きているわけではありません。**動物たちは自分が一体何者なのかを理解し、自分の地上における使命をちゃんと心得ている**んです。

詳しくは、Chapter 12でお話ししますが、動物たちにはスピリチュアルという概念（これは宗教とは関係ありません）を理解する力があります。私たち人間の中にも、それを理解できる人、できない人がいるのと同じように、動物たちの理解力はそれぞれで異なりますが、**ほとんどの動物たちが、生命・死・輪廻といった難しい概念を理解している**んですよ。

1928年、ヘンリー・ベストンという人が、著書『ケープコッドの海辺に暮らして』*1の中で、動物に関する考え方について意見を述べています。私たち人間は、もっと賢明な考え方に従って動物たちを見なければいけない、人間が自分たちの基準で彼らを判断してはいけないというのが彼の考え方です。

わかりやすく言うと、動物たちは話せないとか、複雑な人間社会には適応できないと決め付けてはいけないということです。さらにベストン氏は、動物たちは私たち人間にはできないことができる、私たちにはわからない〝何か〟を感じる器官を持っているとも言っています。実際のところ彼らは、私たち人間の理解が及ばないような、彼ら自身の複雑な世界の中で、ちゃんと生きているんです。動物と人間の間には、似た部分もあれば異なる部分もあります。そして、覚えておかなければいけないのは、動物も人間もそれぞれ自分たちのやり方で、この世界に生きる喜びを知り、悲しみを経験しているということです。

動物たちは、人間に頼らず自分たち本来の能力だけで生きていける、素晴らしい生き物なんです。確かに、猫や犬のように、何千年にもわたって飼い慣らされてきた歴史があると、本来持っているはずの〝野生の本能〟は、鈍くなっているかもしれません。でも、そんな動物たちだって、ある程度の期間であれば、人々が暮らす環境から離れて生きることができるんですよ（言うまでもなく、田舎暮らしよりも都会暮らしのほうが難しいでしょうが）。

私の自宅は田舎にあり、近所の野原で野良猫たちがネズミや小鳥を狙っているのをよく見かけますし、冬になると、彼らがうまい具合に寒さをしのげる棲みかを見つけているのも目にします。それに、それぞれ縄張りを持っていても、お互いに干渉したり、喧嘩したりすることはなく、逆に、交互に野原や茂みを走り回って獲物を探しているようなんです。

これで、動物たちには、自分たちだけで自立して生きることも、私たち人間のような他の種族の生き物と共に生きることもできる、そんな複雑さがあるとわかってもらえたでしょうか。

動物たちの考え方とは？

私たちと一緒に暮らす動物たちは、食べ物や住む場所が用意され、獣医師による治療や看護が受けられるという点においては、私たち人間に依存しています。でも、彼らをそんな状況に追いやったのは、私たち人間です。動物たちは、ふわふわの動物の形をした小さな人間ではありませんし、鏡に映る私たち自身の影でもありません。

日本では〝アジリティー（障害走）〟、〝オビディエンス（服従）〟、ドッグ・ダンスのような〝フリースタイル〟など、さまざまなジャンルに分かれた〝ドッグスポーツ〟が人気を集めているようですね。あなたも、動物たちと一緒に楽しめて、挑戦のしがいもあるこれらの競技が好きなのではないでしょうか。

私は、これまで長い間、動物たちやその飼い主さんたちを相手に仕事をしてきました。その中で、犬たちが実際に興味を持っているのは、自分が飼い主さんと一緒に過ごせるかどうか、たくさん動き回って楽しめるかどうかだとわかったんです。

つまり、私たちがどんなに動物たちの優劣を競うことに夢中になったとしても、彼らの興味は違うところにあるというわけです。決して、動物たちが競技を嫌がっているという意味ではありません。実際、動物たちはみんな競技を楽しんでいます。しかし、優秀な犬たちがもらう賞状やトロフィーは、努力の証、上手にできたことを証明するものかもしれませんが、別に彼らはそれが欲しくて競技に参加するわけではないんですよ。

そこで、アニマル・コミュニケーションの出番です！　アニマル・コミュニケーションを行なえば、動物たちのやりたいこと、楽しみたいことが何なのかを知ることができます。犬によっては、オビディエンスよりもアジリティの練習がしたいと言うでしょうし、ドッグショーに参加するよりもただ散歩するほうがいいと言う犬もいるでしょう。

私たち人間が一人ひとり異なった趣味や興味を持っているように、犬たちもそれぞれ好みが異なります。ショッピングが好きではない人がいるのと同じように、服を着せられるのが好きではない犬がいるということを理解してあげてくださいね。それに、服を着るのを楽しいとか面白いと思う犬もいれば、居心地が悪いとか、暑苦しい、締め付けられるから嫌だ、または単にバカみたいだと思っている犬もいるんですよ。

これはきっと、あなたも動物たちとコミュニケーションを取れるようになれば気付くと思いますが、動物たちは、ある点において人間とは大きく異なる視点から物事を見ています。動物たちは**「現在を見て、現在を生きている」**のです。

動物たちは常に、現在の一瞬一瞬に意識を集中しています。過去の出来事にくどくどこだわったり、未来に思いを馳せて、夢を膨らませたりはしません。ニューエイジや仏陀の教えの中にある「今を生きよ」というのが、彼らの考え方であり、生き方なんです。逆に人間は、過去の出来事や将来起こりうる出来事に気を取られてしまっているので、〝今この瞬間の幸せ〟をつかみ損ねてしまっています。きっとこの考え方の違いでしょうね。羨ましいことに私たち人間とは違って、多くの動物たちはいつも幸せを感じているんですよ。

我が家の動物たちが、この素晴らしい考え方を、実にうまい方法で私に教えてくれたので紹介したいと思います。

猫のカディジャは、私にストレスが溜まっている時に「ちょっと休んで、日当たりのいい居間で一緒に床に寝転がって過ごそう」と声をかけてくれます。「一緒に遊ぼう」と言って、私のところへおもちゃを持ってきて空気を和ませてくれるのが、犬のルパートです。

干し草に飛び込んだり、食べたりすることが大好きなモルモットたちは、新鮮な干し草を見ただけで喜んで鳴き出します。彼らは嬉しい時には、その場で素直に喜びを表すんですよ。それから、最年長のウサギのゾーイは、私たちと一緒に居間に座って、家族と一緒にくつろぐ時間を何よりも大切にしています。

こうやって、動物たちは、素朴な幸福は私たちの周りにいくらでも転がっているんだということ、そしてどうやって楽しめばいいのかということを教えてくれるんです。

動物たちは私たち人間に多くの贈り物をしてくれます。アニマル・コミュニケーションを学ぶ時には、動物たちの身体や外見だけにとらわれず、ぜひ普段とは異なる視点で物事を捉えるようにしてくださいね。それから、彼らの内面にも、敬意を表してください。また、彼らが私たちに寄せる献身や忠誠心、信頼、愛情、現在（いま）を生きるという考え方、優しさ、忍耐力、そして思いやりを感じることも忘れないでください。

一度ためしに、自分の考え方を捨て、動物たちの視点から人生をみつめ直すのもいいですよ。私たちは動物たちを家に招き入れ、一緒に暮らすようになりましたが、それはテーブルや自動車を〝所有する〟のと同じように動物たちを自分たちのものとして〝所有する〟のとは違います。動物たちを敬い、日常生活の中でも、可能な限りアニマル・コミュニケーションを利用して、彼らの考えを聞き、それを尊重するようにしてくださいね。

Lauren's Advice

01. 動物たちのことを理解するためには、彼らのものの見方、考え方を受け入れることが大切です。

02. 動物たちの視点から、あなた自身の人生について教わることがたくさんあるということを忘れないでください。

＊1 Henry Beston（1928, Reprint 2003）The Outermost House：A Year of Life on the Great Beach of Cape Cod, Henry Holt and Company（ヘンリー・ベストン　村上清敏（訳）（1997）『ケープコッドの海辺に暮らして— 大いなる浜辺における１年間の生活』本の友社）

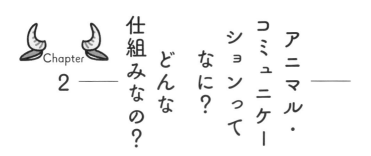

Chapter 2 アニマル・コミュニケーションってなに？ どんな仕組みなの？

動物たちとの関係をよりよいものにしたいという人が増えるにつれて、アニマル・コミュニケーションもより多くの人から受け入れられてきています。ただし、アニマル・コミュニケーションの概念を信じられない人がいるのも事実です。

Chapter 2では、アニマル・コミュニケーションとは何か、そして、どんな仕組みなのかを紹介します。少しでも多くの人から、理解を得られれば嬉しいですね。ここで大切なことは、誰でもアニマル・コミュニケーションをできるようになるということです。

アニマル・コミュニケーションってなに？

アニマル・コミュニケーションというのは、テレパシーによって動物たちと心を通わせることを言います。これは、動物たちの身振りや表情といったボディーランゲージを読み取ることや、鳴き声から彼らの言いたいことを理解しようとするのとは**全く違うもの**です。

そもそも「テレパシー（telepathy）」という言葉は、ギリシャ語の２つの言葉――「遠方」を意味する「tele」と「感覚」を意味する「patheia」――を合わせたもので、「遠くに離れたままで感じる」という意味になります。

そして、このテレパシーを使ったアニマル・コミュニケーションは、**直感・読心術・洞察力・共感・透視・超能力（ESP）**といった言葉と縁があります。つまり、**アニマル・コミュニケーションとは、いわゆる五感以外の感覚を使って動物たちと心を通わせる**ことなんです。

ずっと昔、言葉を使い始める前の人間は、今日の動物たちと同じように、テレパシーを使って意思の疎通をはかっていたのではないかと私は考えています。大昔の人々が、ウーウーと唸ったり、相手に槍を突きつけたりする以外の方法を使って、気持を通わせているところを想像すると、なんだかちょっと面白いと思いませんか？

私は、人類は進化の過程の中で、2つの理由から、言葉を話すことを無意識のうちに〝選んだ〟のだと思っています。一つ目の理由は、言葉を話すというのは、とても便利だということです。言葉は、私たちが口を開きさえすれば出てきますからね。そして、2つ目の理由は、言葉を話していれば、自分の考えを隠したり、プライバシーを守ったりできるということです。もし、私たちがお互いに胸の内を読み取れるとしたら、世界は、今とは全く異なるものになっていたでしょう。

よく「テレパシーを使って、人間同士でコミュニケーションを取ることはできますか？」という質問を受けます。技術的な面から言えば、答えはイエスです。ただし、実際にテレパシーを使って他人と意思疎通をはかるのは、動物を相手にする場合より難しい――少なくとも私は難しいと感じています。なぜって私たち人間は、自分の考えを他人に知られないようにするために、手の込んだシステム＝〝言葉〟を長い時間をかけて作り上げてきたからです。

人間には、生まれながらにテレパシーを使って他人とコミュニケーションする能力が備わっているということは、なんとなくイメージできましたか？　アニマル・コミュニケーションは勉強するものではありません。すでに知っているやり方を思い出すだけでいいんですよ。だってそれは、私たちの身体に生まれつき備わっているんですから。アニマル・コミュニケーションに限らず、何か別の物事に関しても、1からやり方を勉強するより、すでに知っているやり方を思い出すほうがずっと簡単ですよね。

とは言え、この本は皆さんの知らないアニマル・コミュニケーションのやり方を教える本ですから、ここではアニマル・コミュニケーションを〝学ぶ〟という表現を使いたいと思います。

この本を読むことで、新しいテクニックやスキルアップのためのエクササイズを学ぶことができます。もちろん、あなたはテレパシーを使ってコミュニケーションする能力を潜在的に持っているわけですが、そのテレパシー用の筋肉は、いわば全く使われていない筋肉と同じで、退化し、たるんだ状態になってしまっているんです。そこで私は、テレパシー用の筋肉を自分自身の中に見つけ出すこと、そしてその筋肉を強化することに焦点を置いてこの本を書くことにしました。

筋肉を鍛えるなら、ジムに通って繰り返しワークアウトを行なうのが一番いいですよね。それと同じように、アニマル・コミュニケーションを真剣に学びたいのであれば、この本の中で指示されている手順を何度も読み返し、繰り返し練習してくださいね。

アニマル・コミュニケーションって どんな仕組みなの？

アニマル・コミュニケーションについての理解を深めたところで、次は、その仕組みを紹介しましょう。まず、自分が**巨大なパラボラアンテナ**（衛星放送用の丸いお皿型のアンテナ）を**手に（もしくは頭に乗せて）**、動物たちが持つ固有の**振動や周波数を探っているところを想像してみて**ください。

特定の周波数に合わせると、アンテナがその電波をキャッチしてくれますよね。アニマル・コミュニケーションもそれと似た仕組みになっています。そのアンテナを使うと、特定の動物が発している電波の周波数にチューニングできるんですよ。

どんな人も、どんな動物も、それぞれ自分だけの周波数を持っています。なぜなら、あらゆる生き物の身体を形作っている全ての原子は、たとえ一つの塊（身体）になったとしても、そのひと塊ごとにそれぞれ特有の振動数、つまり周波数を持っているからです。そして、ある特定の動物の周波数にアンテナをチューニングすれば、テレパシーを送受信できるようになるというわけです。

このテレパシーを、私は、量子の世界を行き来するものだと考えています。テレパシーの伝わり方について、量子物理学者と意見を交わしたことがあるのですが、テレパシーに乗せた思考が、量子レベルの波動や粒子となって移動することを示す兆候があるんですよ。

「あなたの知らない言語を使っている国で暮らす動物たちと、どうやって話すのですか？」

これも、私がよく聞かれることの一つです。これまで私は何度も日本を訪れていますが、残念なことに、私の日本語能力には、ほとんど進歩がありません。それでも日本で暮らす動物たちとコミュニケーションが取れるんですよ。それは恐らく、テレパシーを使えば、言葉の裏側にある〝相手が本当に伝えたいこと〟が伝わるからでしょう。私が受信するのは、言葉そのものというよりも、単語や文章に込められた相手の感情や考えなんです。
私のアンテナは、動物たちの考えを受信し、それを私が理解できるような形に翻訳してくれます。あなたの家にあるテレビのアンテナと同じです。アンテナが電波を受信し、それが受信装置に送られ、受信装置が電波を解析し、映像（番組）が観られるようになるところをイメージしてみてください。

ところで、気付かないうちに、相手の本音を受信していたという経験はありませんか？　例えば、誰かがあなたのことを笑顔で褒めている時、「この人は、別に私が好きなのではないな」とか「本心から褒めているのではないな」などと、直感的にわかったことはありませんか？　誰でも一度はこのような経験があるでしょう。これこそが、直感的に会話の背後にある相手の感情や本音を受信したということなんです。
このように、感覚や直感が、言葉のやり取りよりも信頼できたり役立ったりする場合も多々あります。
テレパシーでは、相手との距離がどんなに離れていようと関係ありません。実際に私は、地球の反対側にいる動物たちと話をしてきました。相手の動物との物理的な距離が、私が送ったり受け取ったりする情報の質やディテールに影響を与えることはありません。携帯電話で話すようなものだと考えるといいでしょう。通話の質は、相手が同じ街に住む友人でも、離れた国に住む友人であっても同じですよね。考えや意図を乗せた電波の存在、電波をを送受信するという考え方を理解できない人もいるでしょう。
——現在のところ、この考え方を証明することはまだできませんが、科学の発達によって、いつかは量子の波動を実際に測定できるようになるでしょう。動物たちと意思の疎通ができる世界への扉が大きく開かれる、そんな日が来るのを、私は首を長くして待っています。でも、その日が来るまでは、私たちがこのエキサイティングな分野のパイオニアということになりますね。

より高尚な存在とのコミュニケーション

動物たちを相手にテレパシーを使ってコミュニケーションを取る時は、実際に目で見たり手で触れたりできる身体を離れた、より高尚な存在である〝魂〟とやりとりすることになります。
あなたは、二元性という言葉を知っていますか？　二元性とは、全ての生き物は、日々の生活を送っている肉体的な部分と、〝魂〟や〝高次元意識〟とも呼ばれる精神的な部分の、2つから成るということを意味しています。全ての生き物が二元性を持ち合わせているという考え方に賛同する人はたくさんいますし、ほぼ確実に、動物たちもこの考え方を支持してくれるでしょう。
自己や性格は、身体の大きさや、形、特長とは関係のないものです。もちろん、私たちの心の内側が身体に映し出されることもありますが、より広い視点で見た場合、身体は器に過ぎないのです。人も動物も、肉体と精神が融合した世界を行き来しています。この事実は、後述するアニマル・コミュニケーションにおいて、とても興味深い意味を持っているんですよ。

Lauren's Advice

01. あなたも気付かないうちに、日常生活の中で、頻繁にテレパシーによるコミュニケーションを経験しているはずですよ。

02. 動物たちの考えがわかった気がする瞬間に、普段から気をつけてください。

03. 動物たちに自分の考えが伝わった気がする瞬間にも、気をつけてください。

Chapter 3

動物たちのメッセージに耳を傾けよう

アニマル・コミュニケーションを学ぶ途中、いくつかの重要なステップがあります。その中でも、動物たちが私たちに語りかけてくる〝メッセージを聞き取る〟というステップが、最も大切であるのと同時に、多くの人がこれを最も難しいと感じるようです。

あなたも多くの飼い主さんたちと同じように、一緒に暮らす動物たちに話しかけて、会話しているような気持ちになったりしているのではないでしょうか？　ご存知のように、私はテレパシーを使って、好きな時に動物たちと気持ちを通わせることができます。でも実は、私もあなたと同じように、動物たちに直接言葉をかけることがあるんですよ。

もしあなたが普段から彼らに話しかけているのなら、私の場合とは逆に、声に出す代わりに、テレパシーを使って彼らに話しかけてみてはどうでしょう。あなたにも、きっとできますよ。

動物たちが送ってくる情報を、テレパシーを使って受け取ったり、感じ取ったりするという人は実際にいます。動物たちが何を考え、何を望んでいるのか、確かにわかるんです！　あなたも望めば、いつでもテレパシーを使って、動物たちと気持ちを伝え合うことができるんですよ。そのためには、まずこの本を読み進めて、各Chapterで紹介されているテクニックを繰り返し練習してくださいね。

アニマル・コミュニケーションのカギとなる〝ニュートラル・スペース〟

アニマル・コミュニケーションは、頭で考えたり、耳で聞いたりするものではありません。私が〝ハート・スペース（心の場所）〟と呼んでいる身体の内側にある場所で行ないます。それは、とても静かな、心の落ち着くような場所です。アニマル・コミュニケーションを行なう際には、その特別な場所に意識を持っていき、そこに留まれるかどうかが重要なカギとなります。その方法は後ほど40ページでお話ししますが、ここで理解して欲しいのは**「アニマル・コミュニケーションは頭の中で行なうのではない」**ということです。

人間の頭の中というのは、さまざまな雑念や意味のないおしゃべりに満ちた、せわしない場所だとは思いませんか？　この雑念やおしゃべりは、簡単にスイッチを切って消すわけにはいきません。なぜなら、現代社会では、せわしなく頭を働かせて、いくつもの仕事を同時にこなすことが求められているからです。実際、複数のタスクを一度にこなす能力が高い人ほど、よりよい仕事に就き、より高い給料をもらい、より高い地位に就くことができますよね。

逆に、自分の内面と静かに向き合うことで、褒められたり高く評価されたりすることは、実社会ではまずありません。私たちは子どもの頃から、頭を使ってさまざまなことを素早く処理するように鍛えられてきたため、今さらこの習慣を止めろと言われても、そう簡単にいかないのは当然です。

ただ、この雑音がアニマル・コミュニケーションを学ぶ人々にとって最大の障害であることは間違いありません。テレパシーによるコミュニケーションというのはデリケートなもので、ざわざわとした頭の中の状態が、テレパシーという名の〝電波〟の受信を妨げてしまうんです。

動物たちのメッセージに耳を傾け、彼らの話を理解するのに邪魔となるのは、頭の中のおしゃべりだけではありません。自分自身の想像や勝手な解釈、判断なども、あなたのコミュニケーションを邪魔することになるでしょう。

私たちは普段から、無意識のうちに、頭の中でさまざまな物事に対して判断を下しています。「彼女の笑顔ってとても素敵ね。きっと彼女自身も素敵な人に違いないわ」とか「あの新人さん、いつも服装がだらしないけど、仕事はできるのかしら？」などと、外見から勝手に判断しているという経験に思い当たる人もいるでしょう。

でも、アニマル・コミュニケーションでは、想像や自己判断が邪魔になって、相手が伝えたがっている情報を正確に受け取れないこともあるんです。

ここで、自己判断がどんな風にコミュニケーションの結果を左右してしまうのか、例を見てみましょう。

アニマル・コミュニケーションを学んでいるユカさんは、オリビアという猫を引き取り、一緒に暮らしています。幸せそうに暮らすオリビアですが、なぜかユカさんの膝の上に座ってくれません。何度抱き上げても、彼女はそのたびに飛び降りてしまいます。ついにユカさんは、オリビアが自分のことを嫌っているのではないかと考え、その理由を突き止めるために、テレパシーを使ってオリビアに話しかけました。するとオリビアはこう言いました。

「もちろんわたしだってあなたの膝の上に座りたいのよ。でも、ちょっとばかり歳をとったせいでお尻が痛くて……。だから膝の上に乗っていると居心地が悪いの」

ところが、ユカさんはこう考えました。

「私が受け取った情報は、間違っているに決まってるわ。オリビアは幸せそうだし、元気にあちこちちゃんと歩き回っているもの。きっと私の力不足ね」

このように彼女は、自分の頭の中で、受け取った情報とは異なる判断を下してしまったんです。

それから数日後、オリビアが自分のベッドに入るのに悪戦苦闘しているのを目にした時、ユカさんは自分がオリビアの話を正しく受け取っていたことに気付いたんですって。

これはほんの一例に過ぎませんが、アニマル・コミュニケーションでは、私たちの頭脳のせいで、動物たちのメッセージを受け取れないことや、情報の内容に先入観を持つこと、時には動物たちとの結びつきが途絶えてしまうこともあります。

ひっきりなしに判断を下す頭の中から離れた、動物たちのメッセージが聞こえる静かな場所を、〝ニュートラル・スペース（中立の場所）〟と言います。この本では、本質的にあなたの中にあるニュートラル・スペースを見つけるためのテクニックが学べますよ。

アニマル・コミュニケーションに〝瞑想〟は必要？

アニマル・コミュニケーションを学ぶ第一歩。それは、あなた自身の内側にある静かな場所に行くことです。その場所へ行けば、動物たちのメッセージをハッキリと受け取れるようになりますよ。

なお、アニマル・コミュニケーションのインストラクターのうち、大部分の人が、その静かな場所にたどり着くために〝瞑想〟を利用しています。確かに瞑想は素晴らしい方法だと思います。ただ残念なことに、いきなりこれを学ぶのは、アニマル・コミュニケーション初心者の人にとって、かなり高いハードルです。実際、私にとってもそうだったんですから。

当初、私はアニマル・コミュニケーションを学ぶため、地元に住む2人のインストラクターが行なっているクラスに参加しました。彼らはアニマル・コミュニケーションを学ぶためには、瞑想を学ぶ必要があると言ったんです。その時の私は、なんてバカ正直な生徒だったんでしょう。実際に、自宅に瞑想のための部屋を作ってしまったんです！

部屋の壁のうち一面を、心を落ち着かせてくれるラベンダー色に塗り、泡がぶくぶくと出る小さな噴水を置いて、日本のお香を焚き、人間工学に基づいてデザインされた座り心地のよい椅子を用意しました。これで瞑想を始めるための準備は整ったはず――。

ところが、残念ながら、私の熱心さに結果がついてくることはありませんでした。居心地のよい部屋に座って、心を落ち着かせてくれる音や香りに包まれているにもかかわらず、自分の頭の中にこだまする絶え間ないおしゃべりを止めることは、私にはできなかったんです。

私の頭の中では次のような会話が繰り広げられました。

――オーケー、とにかく落ち着かなきゃ。考えるのは止めて、自分に話しかけるのもダメ。確か、ドッグフードを注文しないといけないんじゃなかった？　しーっ！　静かにして。深呼吸するの……そうそう。静かに、落ち着いて。始めてからどのくらい経ったかしら？　そんなに長くないわよね。さぁ、静かにしなきゃ。考えない、考えない。もう、考えちゃダメ。「考えないようにしよう」って考えるのを止めるの。どうやったら〝考えること〟を考えないでいられるの？　紅茶を1杯入れてくるっていうのはどうかしら。そうね、いい考えなんじゃない。あとでまた瞑想しに戻ればいいんだし――。

こんな状態が数ヶ月続き、私は次第に「世界中で何百万人もの人たちが瞑想しているっていうのに、なんで私にはできないの！」と自分自身を責めるようになってしまったんです。まさに、あと1歩でアニマル・コミュニケーションを学ぶことをあきらめるところでしたが、私の中の何かがそれを思いとどまらせました。瞑想よりももっと簡単にできる、いい方法があるはずだと、頭の中で声がしたんです。

瞑想以外の方法とは？

問題は瞑想だけではありません。学生時代や就職してからの間に私が身につけてきた勉強方法も、アニマル・コミュニケーションでは役立たずだということがわかりました。動物とのコミュニケーションでは、頭を使わないと言いましたよね。つまり、学校や職場でやってきたように〝頭を使って〟アニマル・コミュニケーションのテクニックを学ぶことはできないんです。

その結果、私は自分でアニマル・コミュニケーションの勉強方法を創り出しました。私はその方法を〝プロセス・オリエンテッド・アプローチ（手順通りに進める方法）〟と呼んでいます。瞑想によって頭の中を空っぽにできない人でも「この手順を踏めば頭の中のおしゃべりを静かにさせられる」というテクニックなんですよ。**ポイントは、自分は今、自分の内側にある静かな場所に行くところなんだと、自分自身の脳に思い込ませるところ**にあります。

安全運転でゆっくり走るジェットコースターに乗っているところをイメージしてみてください。それは、ゆっくり走りながら、傾斜を登ったり降りたり、らせん状にクルクル回ったり、大きく1回転したりします。ただ座っているだけで最終地点（ハート・スペース）まで連れて行ってくれるので、あなたはリラックスして、状況を楽しめばいいんですよ。自分で考える必要はありません。ただ、この本で紹介されているテクニックとその手順を信頼して、流れに身を任せるようにしてくださいね。

ハート・スペースへの旅

あなたがこの本で最初に学ぶテクニックは〝ハート・スペースへの旅〟です。これは、頭の中からハート・スペースへとあなたを連れ出してくれるテクニックです。このテクニックの練習をする時は、次の２つを参考にしてみてくださいね。

1 一つひとつの手順をよく理解し、何も見ずに言えるようになるまで、そのテクニックのやり方を何度も通して読んでください。

2 自分（または誰か他の人にお願いしても構いません）でその手順を読み上げ、それを動画に撮ったり、録音したりしましょう。自分の好きなBGMを入れるのもいいですよ。例えば雨音やお気に入りの音楽、岸辺を洗う波の音といった心を和ませる音が入っているとステキですね。ただし、これは必ずしも入れる必要はありません。

※途中――そのまま数秒間おく――といった表現が入ります。
ここでは指定された分だけ時間を空けて、次の手順に進んでください。

あなたがどんな方法で練習するとしても、覚えておいてほしいのは、その手順が自然と身につくまで、時間を十分にかけなければいけないということです。人によって身につくまでの時間はさまざまですが、たとえ毎日10分だけでも、継続して練習することが大切なんです。

それでは始めましょう。まず、ハート・スペースへの旅の手順を通して読んでください。それから、その後に書かれている、このテクニックを身につける〝ポイント〟に目を通すようにしてくださいね。

実際に練習する時は、できるだけ邪魔の入らない静かな場所を選びましょう。ラジオやテレビを消すのはもちろん、携帯電話の電源も切っておくことをお勧めします。

Lauren's Technique 1

ハート・スペースへの旅

♥ まず、自分自身にとって快適な姿勢を探しましょう。寝そべってもいいですし、座った状態でも構いません。身体が完全にリラックスできる姿勢をとってください。

♥ 快適な姿勢をとったら、目を閉じてください。あなたはこれから、自分の意識を頭の中から切り離して、ハート・スペースへと移すことになります。

♥ イメージしてください。あなたの頭の中にはエレベーターがあります。今、あなたはそのエレベーターに乗ったところで、目の前には閉まったドアがあります。

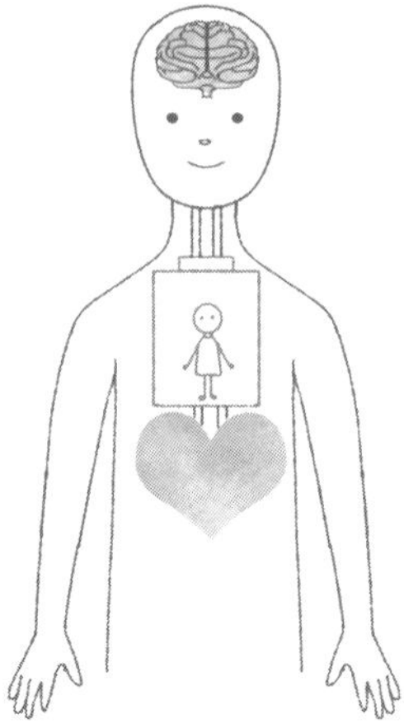

- 安心してリラックスしてください。エレベーターがゆっくりと下りていきます。それと一緒に、あなたは自分の頭の中から抜け出して、頭の中を満たす騒々しい〝おしゃべり〟や〝考え〟から離れていきます。

- 上から下へ、首を通り抜け、肩のところを通過し、胸の中へと入り、最後に心臓のところで止まります。正確な心臓の位置がわからなくても大丈夫です。だいたいの場所をイメージしてください。

- さぁ、あなたの目の前でエレベーターのドアが開きました。それでは、自分のハート・スペースへと一歩踏み出してみましょう。

- ここはとても静かな場所です。安心感があり、静寂があなたを包み込んでいます。

- 今、あなたの意識はちょうど心臓のところにありますね。では、あなたの心臓の鼓動を聞いてみてください。規則正しく心臓が刻む鼓動を聞いてください。

—— そのまま数秒間おく ——

♥ 心臓が作り出すリズムを感じてください。

—— そのまま数秒間おく ——

♥ 呼吸に気をつけてください。吸って、吐いて。

—— そのまま数秒間おく ——

♥ 息を吐いて。あなたの中にある緊張感を、息と一緒に全て吐き出してください。

♥ もう一度、心臓に意識を戻しましょう。心臓で呼吸するところをイメージしてください。

♥ 心臓を使って息を吸って。息を吐く時も心臓を使ってください。

—— そのまま30秒間おく ——

♥ どんな感じがしますか？　この場所——ハート・スペースという特別な場所が与えてくれる安心感を感じてください。

♥ 心臓を使って呼吸する時、自分だけの場所であるハート・スペースに生命（いのち）を吹き込むところをイメージしてください。

♥ 次に、あなたが静かで美しいと思う場所をイメージしてください。現実の場所でもいいですし、想像上の場所やその両方を合わせた場所でも構いません。

- あなたがイメージしているのは、海辺でしょうか。それとも森や山の中にある牧場でしょうか。
- さっそく、その場所に行ってみましょう。

―― そのまま30秒間おく ――

- 周りを見回してみてください。どんな色が目に入りますか？　どんな音が聞こえてきますか？
- 心臓で呼吸するのを忘れないでください。
- ハート・スペースではどんな匂いがしますか？
- 周りを少し歩き回ってみましょう。座ってひと休みできる場所を見つけるのもいいですね。

―― そのまま１分～１分半おく ――

- あなたの方へ向かって１匹の動物が走り寄ってきます。
- その動物は、あなたの知っている動物でしょうか？
以前、一緒にいた動物でしょうか？　もしかしたら、全く知らない動物かもしれませんし、野生動物の可能性もあります。どんな動物であっても、それが「今、あなたと一緒にいる必要のある動物」です。
- まだ今は、会いたい動物を選ばないでください。ただ、あなたのところにやってくる動物を受け入れてください。
- その動物が、あなたのところへ来るまで見ていましょう。リラックスして、嬉しそうにしていますよね。

―― そのまま数秒間おく ――

- 今、その動物はあなたのもとへたどり着きました。その動物をよく観察してください。

- あなたと一緒にいることを、その動物はどう感じていますか？　イメージしてみましょう。
- その動物もあなたと一緒に、心臓を使って呼吸しているのがわかりますか？

—— そのまま数秒間おく ——

- その動物との心の距離を感じてください。絆やつながりのようなものは感じられますか？
- そこに存在する愛を感じてください。一緒にいるという感覚を楽しんでください。

—— そのまま数秒間おく ——

- それでは、その動物に、来てくれたことへのお礼を伝えましょう。
- 最後に「さようなら」を言いましょう。
- 誰かと特別なコミュニケーションを取りたい時は、いつでもハート・スペースに戻ってくればいいのです。これを覚えておいてください。
- 心臓を使って呼吸するのがどんな感じだったのかを忘れないでください。
- 息を吸ったり、吐いたりする時の、肺が紡ぎだすリズムを忘れないでください。
- この神聖なハート・スペースにいると、どんな感じがするか、しっかり覚えておきましょう。

―― そのまま数秒間おく ――

♥ もういいと思ったら、またエレベーターに乗ってください。

♥ ハート・スペースを出て、上にのぼり頭の中に戻ります。

♥ 元の場所に戻ってきたら、ゆっくりと目を開けてください。

♥ 急がなくて大丈夫です。ゆっくりと時間をかけてください。

POINT ☞ ポイント

☞必ず毎回、動物が走り寄ってくるところをイメージできるとは限りません。

☞自分自身のハート・スペースに慣れ、動物と繋るために欠かせないのが、ハート・スペースへの旅の練習です。

☞実際のアニマル・コミュニケーションでは、ハート・スペースに迷い込んできた動物ではなく、話をしたい特定の動物に呼びかけます。

☞このテクニックの練習はできる限り、何度も行なってください。

☞実際に動物とコミュニケーションを取る練習に入る前に、このテクニックを身につけることが大切です。

☞ハート・スペースへの旅を使って自分のハート・スペースへ行き、動物に呼びかけるテクニックがどれだけ身についているかが、成功のカギとなります。

☞動物に呼びかける方法についてはChapter 8でさらに詳しくお話しします。

ハート・スペースへの旅の働き

私たちの脳は「実際に何かをすること」と「何かをするところをイメージすること」の違いを区別しません。これは科学的にも証明されているんですよ。また、1970年代以降、テニスやゴルフなどのスポーツ選手、講演など大勢の前で話す人、俳優、その他「確実によい結果を出したい」と望む人たちの間で注目を集めてきた〝イメージトレーニング〟はあなたも聞いたことがありますよね？　このように頭のなかでイメージを組み立てることを、Neuro-Linguistic Programming（神経言語プログラミング、略してNLP）と言いますが、ハート・スペースへの旅には、このNLPの要素が多く含まれています。

私は、NLPを利用して脳をだまし、頭の中があたかもどこか別の場所（ハート・スペース）であるように思いこませることに成功しました。自分がいるのは頭の中ではなく、どこか静かな場所だと脳が認識すれば、頭の中のおしゃべりも静かにさせられるんです。

ただし、脳や神経組織が、自分はその静かな場所にいるのだと信じ、感じてくれなければ意味がありませんよね。そのため、ハート・スペースを詳しく描写できるような、かなり細かい情報を用意する必要があります。

では、一体どんな情報を用意すればいいのでしょうか。参考として、私のハート・スペースの様子を紹介したいと思います。私のハート・スペースは、イギリス北部の実際の土地に、いくつか自分のイメージを組み合わせたものです。そこはイギリス北西部のファウンテンズ・アビーという場所です。

エレベーターのドアが開くと、目の前に牧場が広がっていて、私はその草の上に降り立ちます。遠くには、十二世紀に建てられた小さな修道院の廃墟が見えます。その修道院はハチミツ色の石でできていて、太陽の光が当たって輝いています。左を向くと、立ち並ぶ美しい木々が目に入り、前方に建っているのは大きな寺院です。右側の少し離れた場所には樹齢を重ねた美しい樫の木があります。修道院に向かって歩いていくと、牧草の合間に色鮮やかな野草が見つかります。そよ風が頬を撫で、花の周りをハチが飛び回り、ブンブンという羽音も聞こえてくるんですよ。そして時折、頭上を小鳥がさえずりながら飛んでいきます。

１歩進むたびに、ジーンズの裾が草と擦れ合ってサワサワと音を立てます。私は水辺を心地よく感じるので、ハート・スペースにささやかな小川を付け加えました。小川に近づくにつれて水の匂いがしてきます。水底には、水流が石の周りに描き出す模様が見え、水音も聞こえます。

右前方に見える樫の木は、草に影を落としています。この場所で目にする色彩はとても鮮やかで、背中には日の光が降り注ぎ、樫の枝が作り出す影の下に入ると、少しだけ涼しく感じられます。木の根元まで近づいて、草の上に手を置き、腰を下ろして、最後に背中をそのごわごわした木の幹に預けます。そこは、私を落ち着かせてくれる、とても静かな場所です。そしてまさにこの場所で、私は話をしたい動物たちに呼びかけ、話をするんです。

自分自身のハート・スペースを創ろう

私のハート・スペースはどうでしたか？　さぁ、次はあなたの番です。自分のハート・スペースをどんな場所にしたいのか考えてみてください。想像力に頼ってハート・スペースを創ることもできますが、大抵の場合、自分が訪れたことのある静かで美しい場所に好みの描写を付け加えるほうが簡単でしょう。できれば静かな場所を選んでくださいね。大勢の人や、動物たちがいる場所はお勧めできません。ハート・スペースでは、周囲の騒がしさに気を取られることなく、話し相手の動物に意識を集中したいですからね。

もしかして、瞑想したり、深く自分の考えに集中したりする時のためのスペースを、既に持っていますか？　その場合でも、アニマル・コミュニケーションの練習をするための場所を、新しく創ってみてください。瞑想などで普段から使っている場所は、アニマル・コミュニケーションとは関係ない意識や感情を連想してしまう可能性があります。それによって、動物たちのメッセージを聞き取ろうとするあなたの気が散ってしまうこともあり得ますからね。

アニマル・コミュニケーション専用の練習場所の準備は、必須です。練習を続ければ、次第にハート・スペースで快適に、落ち着いて過ごせるようになると思います。自宅の居間や、自分の部屋にいるように感じられるはずですよ。

試しに、自分の頭の中に、ハート・スペースを創ってみましょう。それはちょうど映画の撮影に使うセットを組み立てるような感じです。一度、細かいところまで考えて、セットを組み立ててしまえば、あとはハート・スペースへの旅を使ってそこまで行くだけです。

毎回、いちいち細部まで頭でイメージし直さなくても大丈夫。例えば、仕事や買い物などで外出している時でも、ちょっと目を閉じれば自分の部屋の細かいところまで思い出せますよね。ハート・スペースに組み立てた映画のセットも、ちょうどそれと同じです。すでにあるものを、その都度、創り直す必要はないんですよ。

ハート・スペースを創る（映画のセットを組み立てる）時は、次の **5** つに注意してください。

1 波の音、鳥のさえずり、木々の葉が触れ合う音、虫の羽音などが聞こえること

2 風や日光の感触、草を踏みながら歩く時の感触、足の指に触れる砂や座っている場所の感覚などがわかること

3 明るくて、カラフルな景色、くっきり・はっきりとしたイメージであること

4 自分の視点でハート・スペースの景色を眺めること
（映画のスクリーンやテレビに映っている自分を、客観的に見るという状況はあまりよくありません。
ハート・スペースの地面——草や砂など地面に適した

もの――に立って足元を見下ろすようにすると、楽に視点を定められます）

5 動物たちと話す時に座れる場所を用意すること（例えば、丸太や岩、椅子、ベンチ、床の上、砂や草の上などがいいでしょう）

簡単にハート・スペースに行く方法

私たちは普段、目を覚まして生活している時間の大部分を、頭の中で（考えながら）過ごしています。そのため、頭の中から離れて、どこか別のところで過ごすことに慣れるまでには、ある程度時間がかかってしまうのも当然でしょう。

もちろん個人差はありますが、これまでに私が教えてきた講座の受講生のほとんどは、その場で少し練習をした後、続けて2～3回試しただけで、ハート・スペースまでたどり着くことができるようになっています。

ただし、長い間ハート・スペースに留まれるかどうかというと、話は別です。多分、始めたばかりの頃は、ほんの少しの間（2～3分程度）しかその場にいられないでしょう。いつもの馴染み深い場所へと、脳があなたを呼び戻そうとするんです。

ハート・スペースにいる間に、ふと何かを考えたり、不思議に思ったり、自分に向かって話しかけたりする瞬間があると思います。それはあなたがハート・スペースから出て、頭の中に戻ったというサインです。頭の中に戻ってしまっても、全くもって普通のことなので、(何百回であろうと!)もう一度エレベーターに乗って、ハート・スペースへ降りて行ってください。やればやるほど、神経経路にその方法が刻みつけられていきます。

繰り返しエレベータに乗ってハート・スペースへと降りていくことで、あなたの中に神経経路が生まれ、その神経経路が習慣を生み出します。毎朝、服を着替える時、いつも同じ腕からシャツを着ていますよね。これが神経経路です。反対の腕から着ようと思ったら、新しい神経経路ができて習慣になるまでずっと、「こっちの腕から着る!」と意識して、繰り返し思い出さなければいけないでしょう。ピアノの弾き方、ゴルフのスイング、ダンス、キーボードのタイピングなどを繰り返し練習するのも、神経にプログラムを書き込んで、意識せずにできるようにするためなんです。

私だって、繰り返し頭の中を出たり入ったりしたんですよ。下に降りたと思ったら、上に行って、また下に降りて……。まるで大きなデパートやオフィスビルの中にあるエレベーターに乗っているようでした。それでも2〜3週間ほど練習を続けるうちに、ハート・スペースまで行くのが簡単になり、長い時間そこにいられるようにもなったんです。

簡単にハート・スペースに行く方法。それは「ハート・スペースが自分にとって快適で馴染み深い場所になるまで、練習を続ける」以外にありません。自分のハート・スペースに行くことを、せわしない現実世界から逃避できることを、楽しめるようになるまで練習してくださいね。

はじめに創った環境に慣れてきたら、より快適になるように、セットの雰囲気に修正を加えるのもいいでしょう。それに、時々ハート・スペースの場所を変えてみるのもひとつです。はじめに創ったセットが海岸だったとしましょう。あなたにとってその海岸は、時間が経つうちに心の落ち着く場所とは言えなくなってしまうかもしれません。そうしたら今度は、森やその他の場所にセットを組み立ててみてください。

ただし、あまりに頻繁にハート・スペースを変えるのは考えものですよ。だって、その都度、長い時間をかけて映画のセットを組み立て直すというのは、なかなか大変な作業ですからね。

ハート・スペースを変えるには、自分の思い通りにその場所を組み立て、必要に応じて細かな設定を付け足すという〝頭脳労働〟が求められます。それでも良いという人もいるでしょう。ただし、ハート・スペースが〝工事中〟の間は、神経にプログラムを書き込むことも、新しい神経経路を生み出すこともできず、自分の頭の中から離れられないということを覚えておいてください。

中には、ハート・スペースをはっきりとイメージしたり、創ったりできないという人もいます。もしかすると、あなた自身がその一人かもしれません。でも実は、そんな人のために、ここでお話ししたのとは全く異なる、ハート・スペースへの旅の代わりのテクニックがあるんですよ。これについては、Chapter 5で改めて紹介することにしましょう。

Lauren's Advice

01. 何も考えずに、ニュートラル・スペースへと導いてくれるテクニックを信じてください。

02. 書かれている手順に素直に従ってください。

03. 頭の中に戻ってしまったとしても、その都度、エレベーターに乗ってハート・スペースに入りなおしましょう。

04. 2～3分だけでもハート・スペースに留まれるようになるまで、練習に時間をかけましょう。

05. 練習すればするほど、簡単にできるようになりますよ。

06. 動物たちと話すには長時間ハート・スペースに留まる必要があります。根気強く練習を頑張って！

Chapter 4

自分なりのスタイルを見つけよう

ハート・スペースへ行く方法は、もう分かりましたね。Chapter4では、テレパシーを使ったコミュニケーションの取り方について、お話ししたいと思います。

情報の受け取り方は人それぞれ

テレパシーを使って送られてくる情報の受け取り方は、人によって異なります。言葉やフィーリング、音、匂い、味、気持ちといったものから情報を受け取る人もいれば、第六感で何かがひらめくという人もいます。なぜだかわからないけど、何かが起こる気がしたとか、動物たちが何を望んでいるのか、何を考えているのかピンと来たという経験はありませんか？　電話に出る前に、誰がかけてきたのか直感でわかったり、「今日はうちのモモちゃんは、散歩に行くより家にいたいんじゃないかしら」と感じたりするのが、第六感のひらめきです。

他にも、相手が送ってくる情報が写真のように見えるという人、無音の映画を見ているようだという人もいます。色々なスタイルがありますが、大切なのは、アニマル・コミュニケーションのやり方、スタイルは人それぞれだということです。これが〝正しい方法〟だというものはありません。
初心者向けの絵画教室へ行ったとしましょう。先生が、テーブルの上の器に入ったフルーツを描くようにと言います。一人の生徒が印象派の画風で描けば、モダニズムの画風を選ぶ人もいます。ポップアート風の楽しい絵を描く人もいるでしょう。同じ題材でも、表現方法は人によって異なります。テレパシーもこれと似たようなもので――例えば「あなたの好きなおもちゃは何？」という質問に対して――動物たちは、言葉や写真のようなイメージ、フィーリングで情報を伝えてきますが、内容は全て一緒なんです。
私が受け取る情報の多くは、言葉です。動物たちと私の間では、普通の会話と同じように言葉が交わされるんですよ。また、映像やフィーリング、味、音、匂い、他にもさまざまな形の情報が、言葉と一緒に送られてきます（私はベジタリアンなので、草食動物以外の動物たちとコミュニケーションをする時は、味覚は使いたくないと思っているんですけどね）。中には、映像を受信し、その内容をクライアントに解説するというプロのコミュニケーターもいます。
始めのうちは、私のように複数の情報を受け取ることはないと思います。ただ、動物たちから送られてくる情報がハッキリしていて、そこに自分の先入観が含まれていないのであれば、それがどんなスタイルであろうと問題ありません。練習を続けていけば、複数のスタイルで情報が受け取れるようになりますよ。最終的には、相手が送ってくる情報がどんなものであれ、その〝全て〟を受信できるようになるはずです。

私の経験上、**多くの人が、馬のような大型動物と、ウサギやフェレットでは、話の聞こえ方や感じ方が違うと思い込んでいます**。でも、実際の動物たちとのコミュニケーションは、自分が何かを頭の中で考えたり、自分自身に話しかけたりする時と同じような感じなんです。確かに、動物によって、聞こえ方や感じ方に差はあります。ただ、グレートデンは大声で吠えるように話し、ネズミは甲高くてか細い声で話すというわけではないんですよ。

Chapter3にも書きましたが、テレパシーを使って受け取る情報はデリケートな、微妙なものです。アニマル・コミュニケーションを学び始めたばかりの人は、**テレパシーによって聞いたり感じたりしたことと、実際に見聞きしたことを混同してしまうことがよくあります**。それでは、本当に動物たちとコミュニケーションできたのか、それとも、できたと思い込んでいるだけなのかを判断するのは難しいですよね。

自分の力を過信せずに練習を続け、自分の能力にさらに磨きをかけてください。そうすれば、自分が正しい情報を受け取っているということを確信できる日が、いつかきっと訪れますよ。

フラワー・エクササイズ

次に、実際にテレパシーを使って情報を受け取る練習をしましょう。ここで紹介する、私が考案したエクササイズでは、花をイメージしてテレパシーの送受信を練習するため、"フラワー・エクササイズ〟と名付けました。このエクササイズを行なえば、テレパシーを使う際の自分なりのスタイルが見つかりますよ。あなたは一体どのような形で情報を受信するのでしょうか。映像でしょうか。それとも言葉かフィーリングか、あるいは匂いかもしれませんし、感覚かもしれません。とにかく、自分がどのような形で情報を受け取るのかに注意してくださいね。

エクササイズを始める前に、いくつか準備が必要です。まず、**一緒に練習してくれるパートナー**を見つけましょう。家族や仲のよい友達でもいいですし、近所の知り合いにお願いしてもいいでしょう。このエクササイズは楽しく行なうものです。**パートナーは、アニマル・コミュニケーションを知らない人でも構いません。**何か新しいことや変わったことをやってみたいと思っている人がいたら、お願いしてみてください。

このエクササイズでは、ハート・スペースを使います。あなたのパートナーがハート・スペースや瞑想のための静かな場所を持っていない場合には、自分の心の中に静かな場所を見つけてもらってください。そして、呼吸を意識して、エクササイズに臨んでもらいましょう。

パートナーが見つかったら、61ページからのフラワー・エクササイズの手順をひと通り読み、やり方をしっかり把握してください。そして、パートナーにも手順を読んでもらうか、あなた自身で説明してあげましょう。声に出してやり方を読んであげてもいいですよ。

次は役割分担です。〝**送信者**〟と〝**受信者**〟を決めてください。途中で役割を交代して、最終的には両方を練習することになるので、**どちらが最初でも構いません**よ。

フラワー・エクササイズでは、送信者が花のイメージをパートナーに向けて送ることになります。何か自分の好きな花を一つ選んでください。その花について細かいところまで説明できるように準備しておきます。色はどうですか？　暗めの色でしょうか、それとも明るい色でしょうか。暖色でしょうか、それとも寒色でしょうか。

次に、声に出さずにその花の名前を思い浮かべてください。花の名前はわかりますか？　その名前を文字の形でイメージしてみてください。

あなたがイメージしたのは一輪の花でしょうか、それとも花束でしょうか。もしかしたら野原一面に咲いている花や、茂みの中でひっそりと開く花をイメージしているかもしれませんね。花束や野原に咲く花をイメージする場合には、違う種類の花を混ぜないように気をつけてください。色々な種類の花を混ぜると、パートナーを混乱させてしまいますよ。

次は花の香りです。香りの強い花もあれば、弱いものもあります。あなたのイメージした花はどんな香りですか？　はっきり思い出せるなら、その香りのイメージをパートナーに送ることもできますよね。あなたは、その花の香りを嗅ぐとどんな気持ちになりますか？

例えば、スイセンを見ると、春の訪れを感じたり、ウキウキした気分になったりしますよね。真紅のバラを見てロマンチックな恋愛を思い出す人もいるでしょう。このエクササイズで大切なのは、見る、触れる、香りを嗅ぐといったことから得たその花についてのさまざまな印象を、ハート・スペースからパートナーに向けて送るということなんですよ。

アニマル・コミュニケーションを学んでいない人、ハート・スペースがない人は、とにかくリラックスしてください。そして、自分の選んだ花の情報が自分の心の中から出てきて、相手の心の中へと流れ込んでいくところをイメージし、それを実行してみてください。

このエクササイズは送信者だけのものではありません。受信者は、まず心を落ち着けましょう。そして、パートナーから送られてくるイメージを受け取ります。その時、どんなイメージや情報が送られてくるのかを予想しないでくださいね。自分のハート・スペースへ行き、リラックスして、ただ送られてくるイメージを受け入れるんですよ。ハート・スペースのない人は、呼吸を意識して、自分がどんな情報を受信しているのかに注意を払ってください。

覚えていますか？　このエクササイズの目的は、テレパシーを使って情報を送信したり、受信したりすることです。パートナーが送ってくる情報を、どんなスタイルで受け取るのかにも気をつけてくださいね。花についての情報が正確かどうかは、あまり重要ではありません。それに、花そのもののイメージを受け取ることは、まずないでしょう。断片的な情報——例えば「なんとなくこんな感じかな？」というフィーリング、瞬間的にパッと見えた色、大まかな花の形など——を受信するだけだと思います。でも、正確な情報を受信できないからといって悩む必要はないんですよ。最初からうまく行く人なんてめったにいませんから、安心してください。

　ここまでをきちんと理解できたと思ったら、実際の練習に移りましょう。

※途中——そのまま数秒間おく——といった表現が入ります。
ここでは指定された分だけ時間を空けて、次の手順に進んでください。

Lauren's Exercise 1

フラワー・エクササイズ

- 椅子に深く腰掛けてください。床にしっかりと両足をつけ、全身の力を抜いてリラックスし、眼を閉じましょう。
- 用意ができたら、〝ハート・スペースへの旅〟のテクニックを使って自分のハート・スペースへ行きましょう。ハート・スペースがない人は、リラックスして呼吸を意識するだけで構いません。
- 次に、深呼吸をします。ゆっくり時間をかけて呼吸してください。
- これはテストではありません。あなたがすでに持っている能力を伸ばすチャンスです。

—— そのまま 30 ～ 40 秒間おく ——

* 深く息を吸いましょう。次第に体がリラックスしていくはずです。きっと、自分に自信が湧いてくるのも感じられるでしょう。

* ちゃんと呼吸を意識していますか？

—— そのまま数秒間おく ——

* それでは、送信者の人は花をイメージしてください。

* じっくりとその花を観察して、細かいところまで見逃さないようにしましょう。

* その花を見ると、どんな気持ちになりますか？

* その花はどんな香りがしますか？

* 花の名前はわかりますか？

* その花のイメージをハート・スペースに留めておいてください。ハート・スペースがない人は、心臓のあた

りで花をイメージしてください。

* 受信者の人は、リラックスして、パートナーの用意が整うまで待っていましょう。

—— そのまま数秒間おく ——

* 送信者の人は、用意ができたら、ハート・スペースの中にある花のイメージをパートナーに送ってみましょう。
* できるだけ詳細な情報を送るようにしてください。
* 受信者の人は、とにかくリラックスしましょう。大丈夫です、あなたにもできますよ。
* どんな情報が送られてくるかはわかりません。ただ、その情報をハート・スペースで受け入れてみましょう。ハート・スペースがない人は、胸のあたり、心臓の近くに受け入れるようにしてください。
* パートナーから何か送られてきましたか？
* 途中で行き詰まった気がしたら、もう一度リラックスするようにしてください。それから、パートナーから送られてくる情報を受け取る作業に戻れば大丈夫です。

—— そのまま３～５分間おく ——

* では、もういいと思ったところでハート・スペースを出て頭の中に戻りましょう。戻ったら、ゆっくりと眼を開けてください。
* それでは、受信者の人は、自分の受け取ったイメージや情報を全てパートナーに話してください。

* 受信した情報はどんな些細なものであっても重要ですから、何も隠さずに伝えましょう。
* パートナーが送った情報と、あなたが受信した情報を検証してみてください。
* 情報の確認が終わったら、送信者と受信者の役割を交代します。もう一度、始めからこのエクササイズを繰り返しましょう。
* もう一度、両足を床にしっかりとつけて、何度か深呼吸をしてください。
* 先ほどまでいたハート・スペースに戻りましょう。ハート・スペースがない人は呼吸を意識してください。そして、快適な場所、リラックスできて、自信が湧いてくるような場所を自分の内側に探してください。

—— そのまま 30 ～ 40 秒おく ——

* 送信者の人は花をイメージしてください。
* じっくりとその花を観察して、細かいところまで見逃さないようにしましょう。
* その花を見ると、どんな気持ちになりますか？
* その花はどんな香りがしますか？
* 花の名前はわかりますか？
* その花のイメージをハート・スペースに留めておいてください。ハート・スペースがない人は、心臓のあたりで花をイメージしてください。

* 受信者の人は、リラックスして、パートナーの用意が整うまで待っていましょう。

—— そのまま数秒間おく ——

* 送信者の人は、用意ができたら、ハート・スペースの中にある花のイメージをパートナーに送ってみましょう。
* できるだけ詳細な情報を送るようにしてください。
* 受信者の人は、とにかくリラックスしましょう。大丈夫です、あなたにもできますよ。
* どんな情報が送られてくるかはわかりません。ただ、その情報をハート・スペースで受け入れてみましょう。ハート・スペースがない人は、胸のあたり、心臓の近くで受け入れるようにしてください。
* パートナーから何か送られてきましたか？
* 途中で行き詰まった気がしたら、もう一度リラックスするようにしてください。それから、パートナーから送られてくる情報を受け取る作業に戻れば大丈夫です。

—— そのまま３～５分間おく ——

* では、ハート・スペースを出て頭の中に戻りましょう。戻ったら、ゆっくりと眼を開けてください。
* 先ほどと同じように、パートナーに自分の受け取った情報を話して、内容を確認しましょう。

POINT ☞ポイント

☞正しく受け取れた情報はありましたか？　正しい情報が１～２個もあれば、素晴らしい出だしだと言えます。

☞このエクササイズでは、間違って受信した情報ではなく、正しく受信した情報が大切です。

☞形はわかったけれど、色はわからなかった？　花びらの感触や色は正しくつかめましたか？　何か映像は見えましたか？　言葉は浮かんできましたか？　直感的なひらめきや断片的な情報も、スキルアップのためには大切ですよ。

☞このエクササイズでは、どんな情報を受信したのか、どんなスタイルで情報を受け取ったのかを意識してください。

☞いい結果だけを考えるようにすれば、どんどん力がつくはずです。花のイメージを正しく受け取ることが、このエクササイズの目的ではないので、はじめのうちは間違うのが当たり前だと考えましょう。

このエクササイズをやってみて、どんな気分になりましたか？　情報を送信する時に「なんとなく気持ちいい」と感じる人が多いようですが、あなたはどうでしょうか。情報を送ろうとする時に、壁のようなものを感じませんでしたか？それは、あなたの頭の中のおしゃべりが、あなたの気を散らしたり、集中を邪魔したりしていることを意味しています。

このエクササイズは、静かで心地よい場所（ハート・スペース）に行き、気持ちを落ち着けて、リラックスした状態で行なうようにしてくださいね。

受信者としては、花の形や色など、何かしらのイメージや情報を受け取れたでしょうか？　花の色によって暖かさや冷たさを感じることがあるかもしれませんね。あるいは、パートナーの花に対する思いを感じ取ることもあるでしょう。自分では自信がない情報が、実は正しいという場合もあるんですよ。初心者レベルでは､2～3個の情報を受け取るので精一杯という人がほとんどです。パートナーから送られてきた情報を全て受け取れなかったからといって、落ち込んだり、悩んだりしないでくださいね。練習もせずにいきなりうまくできるほうが、珍しいくらいなんですから。

さて、フラワー・エクササイズの手順はしっかり理解できたでしょうか。そうしたら、今すぐでもいいですし、後ででも構いません。気が向いたらいつでも繰り返し練習してください。練習すればするほど、スキルアップできますし、それが自信にもつながりますよ。次第に、より多くの情報を、色々なスタイルで受け取れるようにもなるでしょう。

ただし、練習する時には、次の点をよく覚えておいてくださいね。

- **私たち一人ひとりには、素晴らしい、個々のスタイルがあるということ**

●始めのうちは、テレパシーを使う時にどう感じるのかに気をつけること

他の人と自分を比較し、間違ってしまった部分にこだわっても意味がありません。この２つに気を付けていれば、次のステップにも進みやすいはずですよ。

Lauren's Advice

01. テレパシーを使って受け取る情報のスタイルは人それぞれです。

02. 受け取った情報が何であれ、それがあなたのコミュニケーションの大切な出発点です。

03. テレパシーによるコミュニケーションはとてもデリケートなものです。言葉やフィーリングなどはもちろん、一瞬のひらめきのような感覚にも注意を払うようにしてください。

04. ほんの少しだけ見えた気がするとか、何か感じたような気がするだけであっても、それがパートナーから送られてきた実際の情報だということはよくあることですよ。

Chapter 5

効果を生み出すサイクル（CEO）

Chapter5では、私が創り出した2つ目のテクニックを紹介します。私はこれを〝効果を生み出すサイクル（The Circle of Effective Outcomes）〟と名付けましたが、英語の頭文字をとってCEOと呼んでいます。このテクニックのやり方はハート・スペースへの旅とは全く違いますが、目指すものは同じなんですよ。

どちらも、雑念やおしゃべりに満ちた頭の中から抜け出して、ニュートラル・スペースや、自分の奥深くにある、動物たちが語りかける言葉を聞くことのできる、静かな場所へ行くためのテクニックだと考えてくださいね。

CEOもハート・スペースへの旅も、やり方は違いますが、動物たちとコミュニケーションを取る時には、同じように役立ってくれます。現在のあなたにとって、どちらのほうが効果的で、簡単にできるかは、両方のテクニックをそれぞれ何度か練習すれば分かると思います。いずれにしても、練習すればするほど、簡単に、そして短時間のうちに頭の中から抜け出して、動物と話をするための静かな場所へ行けるようになりますよ。

CEOを使うようになった理由

様々な人や動物たちを相手に、テリントンTタッチ（Tタッチ）*2のプラクティショナーとしての仕事をはじめて間もないころ、私はあることに気が付きました。それは、クライアントである飼い主さんや動物たちから受ける、想定外の依頼にきちんと対応するためには、その都度、集中し直さなければならないということです。Tタッチのことを知らない人もいると思いますので、ここで少し説明しておきましょう。

——Tタッチとは動物たちの身体を触ったり動かしたりするエクササイズです。知覚神経に働きかけることで、動物たちの心身のバランスを整えることができます。彼らの緊張をほぐしてあげることも、細胞に刺激を与えて、より健康な状態にしてあげることも、Tタッチを行なえば可能です。動物たちが抱える健康や行動などのさまざまな問題の解決に役立つ、実践的なテクニックなんですよ。

噛み癖がある犬やベッドの下から出てこようとしない猫、ところ構わず蹴るウサギ。その一方でイライラしたり、混乱していたりする飼い主さんもいます。こういう状況で、たとえ事前に何も事情を知らされていなかったとしても、CEOを使えば落ち着いて仕事ができるんです。

Tタッチの仕事をする際には、できる限り私がクライアントの自宅まで行くようにしていますが、約束の時間よりも少し早めに到着するようにしています。そして、時間が来るまで車の中でCEOを行なって、心身のバランスを保ち、感情を安定させ、どんな状況にも対応できるように準備しているんです。このCEOのテクニックを使い始めたばかりの頃は、集中して落ち着くまでに12分〜15分ほどかかっていました。でも今では、心の落ち着いた状態がどんな感じなのかが自分の細胞や神経に刷り込まれているので、望み通りの状態になるまで3分もあれば十分なんですよ。

さらに、何年間もCEOのやり方を指導してきてわかったのは、アニマル・コミュニケーション以外の場面でもこれを応用できるということなんです。私の講座の受講生の中には、CEOを日常生活でも役立てているという人がたくさんいます。心を落ち着かせたい時はいつでも、このテクニックを使ってください。例えば、上司に昇給をお願いする前、動物たちと一緒にアジリティ（障害走）やオビディエンス（服従）の競技に参加する前、試験を受ける前、新規事業を始める前などに使うと効果的だと思います。それに、ストレスのかかる状況にある時や、精神的に疲れる仕事が終わった後なども、CEOを使えば、心を落ち着かせ、自分らしさや心のバランスを取り戻すことができるんですよ。

効果を生み出すサイクル（CEO）

まずは図1を見てください。CEOは相互につながりあう4つの簡単な手順で構成されています。この4つの手順に従って、4〜5回ほど練習すれば、たいていの人がある程度うまくできるようになります。

【図1】

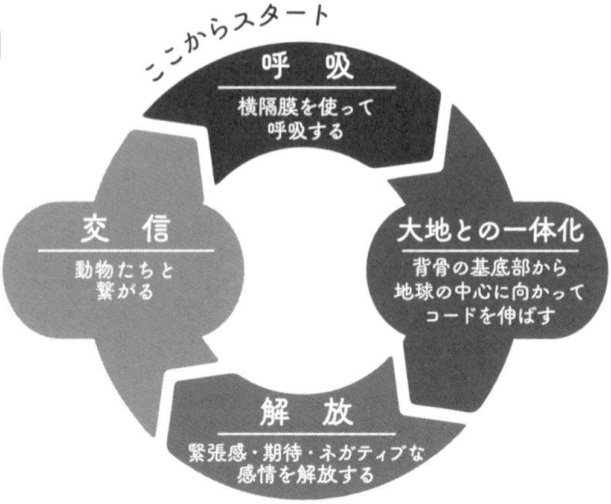
ここからスタート
呼　吸
横隔膜を使って
呼吸する
大地との一体化
背骨の基底部から
地球の中心に向かって
コードを伸ばす
解　放
緊張感・期待・ネガティブな
感情を解放する
交　信
動物たちと
繋がる

Chapter 3のハート・スペースへの旅と同じく、このテクニックは次の 2 つの方法を使って練習するといいですよ。

1 一つひとつの手順をよく理解し、何も見ずに言えるようになるまで、そのテクニックのやり方を何度でも通して読んでください。

2 自分（または誰か他の人にお願いしても構いません）でその手順を読み上げているところを携帯電話などの端末で撮影、もしくは録音しましょう。

※ 途中――そのまま数秒間おく――といった表現が入ります。
ここでは指定された分だけ時間を空けて、次の手順に進んでください。

まずは効果を生み出すサイクル（CEO）の手順を通して読んでください。CEOには4つの手順があり、順を追って行なうことでより効果が高まるようになっています。ハート・スペースへの旅と同じように、リラックスして、楽しみながら練習してくださいね。

Lauren's Technique 2

効果を生み出すサイクル（CEO）

- まず、快適な姿勢で座りましょう。足の裏をしっかりと床につけて、リラックスしてください。椅子に座っても、床に直接座っても構いません。
- 快適な姿勢をとったら眼を閉じてください。あなたの気を散らすものを全て締め出すようにしましょう。

STEP 1 ステップ1「呼吸」

- 1番目のステップは〝呼吸〟です。呼吸を意識してください。
- 通常は胸で浅く呼吸していますが、横隔膜を使ってお腹の底のほうから呼吸してください。
- よくわからない時は、両手をお腹のところに当ててみてください。自分の呼吸に合わせてお腹が膨らんだり元に戻ったりするのがわかると思います。
- 正しい方法で呼吸できていれば、だんだん呼吸がゆっくりしてきます。息を吸うとお腹が膨れて、息を吐くと元に戻るのがわかりますか？
- もし、めまいを覚えたり、頭がくらくらしたりするようなら、いつもの浅い、胸式呼吸に戻してください。大量の酸素が脳に取り込まれると、慣れていない場合はくらくらすることがよくあります。

—— そのまま数秒間おく ——

- リラックスしていますか？
- いつものように呼吸してみましょう。

STEP 2 ステップ２「大地との一体化」

- 正しい呼吸ができるようになったら、２番目のステップ〝大地との一体化〟に進みましょう。
- 〝大地との一体化〟では自分の身体と心、そして感情を使います。心と頭を結びつけ、自分自身と大地（地球）を結びつけるのです。
- 気持ちを集中させたい時や、ニュートラル・スペースに留まりたい時、この〝大地との一体化〟が役に立ってくれますよ。
- 動物たちとコミュニケーションを取る時には、心の落ち着く場所にいたいと思い続けることが大切です。その場所にいれば、動物たちのメッセージを聞き取ることができます。
- 生まれつき、他の人よりも強く大地と結びついている人もいます。逆に、気持ちを集中させられなかったり、常に緊張していたり、ちょっとしたことでビックリしたり、自分に自信がないという人は、大地との結びつきが弱いということになります。
- 結びつきが弱いという弱点は、このステップを練習す

れば克服できますよ。

- ヨガを習っている人は知っていると思いますが、背骨の１番下の部分には〝第１チャクラ〟があります。チャクラというのは、身体の中心にあるエネルギーの出入り口（エネルギーセンター）です。人間には、背骨の基底部から頭の頂点までの間に、複数のエネルギーセンターがあります。第１チャクラはその１番下の背骨の基底部にあり、生存本能や大地との結びつき、つまり〝大地との一体化〟に関係するエネルギーを蓄えています。

- では、あなたの意識を第１チャクラに集中させてください。

- 次に、第１チャクラから大地の奥深くへと、エネルギーでできたコード（ひも）、もしくは光線が伸びていくところをイメージします。

- 背骨の１番下の部分から、地面に向かって一筋の光が出て、あなたが座っている椅子も床も通り抜け、地面の下にある岩盤を貫くところを想像してみてください。

- 大地と私たちを結び付けるものは、私たちのエネルギーです。見た目も自分で好きなように決めましょう。

- ごつごつとした、茶色の木の幹をイメージする人もいます。あなた自身のコードですから自分の好きなイメージや色で構いません。動物のしっぽ、植物のつる、細長い管、ロープなど何でも試してみてください。色を変えると感じ方も変わります。黄やオレンジといった高次元の振動やエネルギーを持つ色を試してみるのも一つです。落ち着きのあるフォレストグリーンや青、金色もいいですよ。コードの色やイメージを様々に変えることで、違いが感じられるかどうか試してみてください。

- 自分と大地を結び付けるコードの色と素材は決まりましたね。

- 今度はそのコードを太くしてみましょう。自分の下に伸びているコード（もしくは光線）が太くなるところをイメージしてみてください。

- その時、自分の体の中でどんな感じがするか、注意してください。安定感が増したように感じたり、重くなったように感じたりしませんか？

- 今度は自分のコードをとても細くしてみましょう。レーザー光線のようなイメージです。

- コードを細くすることで、体の感じ方が変わったり、気持ちが変化したりすることもあるでしょう。安定感は増しましたか？　それとも不安定になりましたか？バランスが取れているように感じられますか？

- それでは、好きなだけコードを太くしたり細くしたりして、自分と大地とのつながりを楽しみましょう。

STEP 3　ステップ３「解放」

- 次に、自分のコードを使って負の感情や緊張感、思い込み、頭の中のせわしない思考を解放する方法をお伝えします。負の感情や身体の緊張は、あなたを頭の中に留め、テレパシーを使ってコミュニケーションする能力を妨げるものです。

- まずは、自分の中にある緊張感を見つけてみましょう。見つけたら、コードを通して大地へと押し出します。思考や感情、思惑は、あなたを不安に陥れたり、緊張をもたらしたりすることもあるでしょう。もしかしたら「自分にはアニマル・コミュニケーションはできないかもしれない」とか「動物と話せるなんて言ったら、みんなから変人扱いされるかもしれない」なんて思っていませんか？

- ネガティブな感情、考え、思惑といったものは、あなたを頭の中に留め、テレパシーを使って動物たちとコミュニケーションを取るのを妨げます。さあ、今がチャンスですよ。テレパシーの送受信を妨害する原因を、全て外に出してしまいましょう。

- 自分の中にネガティブな考えや感情があることを認めてください。そして、自分と大地を結び付けているコードを通して、地球の中心に向かって流してしまうのです。
- そうすることで、呼吸が楽になったと思いませんか？ 安定してバランスが取れているように感じるかもしれません。
- 何かに疑念を抱いたり、マイナス思考に陥ったりした時はいつでも、それを地球の中心に向かって押し出してしまいましょう。
- ネガティブな感情は地球の中心でポジティブなエネルギーへとリサイクルされます。
- ゆっくり時間をかけて自分のエネルギーのコードを伸ばし、準備ができたと思ったら目を開けてください。

テレパシーを使って動物たちとコミュニケーションを取る前に、まず〝呼吸〟し、〝大地との一体化〟を行ない、〝解放〟を行ないます。それから、話をしたい動物たちと〝交信〟するのです（図1参照）。動物たちとの〝交信〟の手順については、Chapter8で詳しくお伝えします。

CEOを使いこなそう

ハート・スペースへの旅もCEOも、自分の好みに合わせて、色々と変更してもいいです。これら2つのテクニックを自分流にアレンジしてはどうでしょう？ そうすれば、そのうちに自分にピッタリな方法が見つかって、練習するのも、テクニックを使うのも楽しくなると思いますよ。

ステップ1の〝呼吸〟は、大抵の人がすぐにできるものです。ただ、人間は幼い頃から当たり前のように胸で呼吸しているので、横隔膜を使った呼吸には練習も欠かせません。思い立ったらいつでも横隔膜で呼吸するように意識してみてください。そうすれば、自然と呼吸の習慣も変わってきますよ。

自分と大地を結びつけるコードは、肉体と精神と感情のバランスを表しています。完璧にバランスが取れる人はまずいませんが、誰もがバランスを取ろうと努めているのです。実際、私は常に〝大地との一体化〟を行なうようにしています。朝起きたら、まず自分のコードを地球の中心に向かって伸ばします。前の日と同じように、コードがあるかどうかを確認すると言ってもいいかもしれません。このコードがあるので、私はいつでも落ち着いていられますし、心身のバランスも取れますし、さまざまな問題にもうまく対応できているというわけです。

私は自分のコードの色やイメージ、素材はその時の必要に合わせて変えることにしています。動物や人に関係なく、対応が難しい時、相手が感情的、精神的にバランスを欠いている時などは、頑丈な木の幹や鋼でできた柱を思わせるコードを伸ばすといいでしょう。

歳をとった相手、健康状態がすぐれない相手、感情的に傷つきやすい相手などの場合には、心を和ませてくれるやわらかい質感の、金色や緑色の光り輝くコードがお勧めです。

〝大地との一体化〟にはさまざまなメリットがあります。そのうちの一つは、このエネルギーでできたコードは、大変な努力をしなくても、誰でもすぐに創り出せることでしょう。ただ、自分のコードがそこにあることをイメージすればいいんですから。エネルギーとはそういう性質のものなんですよ。

そして、一度このコードを使って気持ちを安定させる方法を覚えてしまったら、逆にコードが無いと何だか物足りない気分になってしまうでしょう。実際に私がそうなんですから！　私は、ネガティブな感情をコードを使って自分の外に出す〝解放〟を楽しんでいます。これによって、自分の内側がスッキリきれいになった気がするんです。視覚的にイメージするのが得意な人は、不必要な考えやネガティブな感情をごみに見立て、それがコードの中を地球の中心に向かって落ちていく様子をイメージしてみてはどうでしょう。

他にも例を挙げてみますね。目の細かい網が、自分の頭のてっぺんから足の先まで体の中を通り抜けて出ていきます。その時、心の中にあるネガティブな感情がその網に引っかかり、コードを通って外へと押し出されていきます。

まだまだありますよ。ポジティブなエネルギーがシャワーのように頭上から降り注ぎ、自分の心の中、体の中を全て洗い流していきます。そうやって洗い出されたネガティブな感情は、排水管の役目を果たすコードを通して、地球の中心へと流されていきます。

どのような形であれ、〝解放〟という重要なステップを踏めば、肉体的、精神的、そして感情的に、バランスが取れているように感じられるでしょう。あなたがニュートラル・スペースに居ることを示す良い指標にもなってくれますよ。

Lauren's Advice

01. Chapter5 で紹介したテクニックを日常の生活の色々な場面で使ってみましょう。

02. 日常生活の中に取り込んで練習すると、自分のスキルがアップするだけではなく、心身のバランス感覚を整え、人生に幸福感を与えることができます。

03. 多くの動物たちは、人間よりもしっかり大地と一体化しています。エネルギーのコードがしっかり伸ばされていれば、動物たちとも気軽にコミュニケーションが取れますよ。

*2 テリントンＴタッチの詳細は、テリントンＴタッチ日本事務局のウェブサイトをご確認ください。

https://ttouchjapan.com/

Chapter 6

テクニックを組み合わせてみよう

Chapter6でご紹介するハート・スペースへの旅と効果を生み出すサイクル（CEO）を合わせた、効果的なテクニックが、きっとあなたを助けてくれることでしょう。

もう一つのCEO

実は、ハート・スペースへの旅と効果を生み出すサイクル（CEO）という2つのテクニックを作り出してから2年ほど後に、私はこの2つを組み合わせて、より便利なテクニックを創ったんです。CEOを発展させたもので、やり方も簡単なので、私のセミナー受講者の大半がこちらを好んでいます。

【図2】

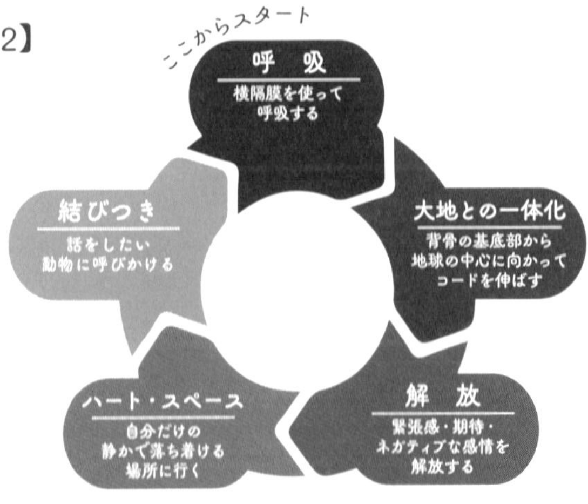

ここからスタート
呼　吸
横隔膜を使って
呼吸する
大地との一体化
背骨の基底部から
地球の中心に向かって
コードを伸ばす
解　放
緊張感・期待・
ネガティブな感情を
解放する
ハート・スペース
自分だけの
静かで落ち着ける
場所に行く
結びつき
話をしたい
動物に呼びかける

まず図2を見てください。2つのテクニックを組み合わせた新たなテクニックでは、CEOの最初の3つのステップを行なってからハート・スペースへ行きます。

Lauren's Technique 3

応用型CEO
（ハート・スペースへの旅とCEOの組み合わせ）

- 横隔膜を使って呼吸しましょう。
- エネルギーのコードを伸ばして大地と一体化しましょう。
- 緊張や思惑、ネガティブな感情を自分の外に解放しましょう。
- 自分だけの静かで落ち着ける場所（ハート・スペース）に行きましょう。
- 話をしたい動物に呼びかけましょう。

ハート・スペースに慣れると分かるのは、そこがいかに動物たちとコミュニケーションするうえで、安全でバランスの取れた、快適な場所かということです。そして、経験を積んだコミュニケーターであっても、〝大地との一体化〟や、緊張や感情の〝解放〟といったテクニックを重宝しています。この応用型CEOは、あなたにも、それぞれのテクニックの利点をもたらしてくれますよ。

ハート・スペースへの旅やCEOに慣れている人にとって、応用型CEOはとても簡単です。応用型CEOは、エレベーターを使わずに（！）ハート・スペースへ行ける点で、先の2つと異なります。〝呼吸〟、〝大地との一体化〟、〝解放〟を順に行なうと、その時点でニュートラル・スペースにいることになるため、後はハート・スペースにいるところを思い浮かべるだけでいいんです。CEOからハート・スペースへの旅に移行するのに複雑な手順は必要ありません。自分に合った方法で行なってください。ここで、いくつかのコツをご紹介しましょう。

1 CEOの解放まで行なったら、ハート・スペースの地面（草、砂、森の中の小道など、自分のハート・スペースに合ったもの）に立っている自分の足を見下ろすところをイメージしましょう。そうすれば、無理なくハート・スペースへ行くことができますよ。

2 CEOからハート・スペースへの旅に移行する時をはっきりさせておきたい場合は、ドアをくぐったり、カーテンの間を通り抜けたりしてハート・スペースへ行くところをイメージしましょう。

CEOで〝解放〟を行なってからハート・スペースへ直接行く場合、1の方法を使うほうが簡単だという人が多いようです。

全てのテクニックを練習しよう

自分の中に静かで落ち着ける場所、動物たちの話を聞くことができる場所を見つけ出し、一定の時間その場所に留まることは、アニマル・コミュニケーションを学ぶ人にとって、最も大変なことだと思います。でも、同時にやりがいを感じられる部分でもあるんですよ。だからこそ、多くのページを割いて、この場所を見つけるためのテクニックやエクササイズを紹介してきました。

図3は、テレパシーを使ったコミュニケーションを行なう際に目指すのがニュートラル・スペースであること、自分の好きなテクニックを使ってそこへ行けることを示しています。

【図3】

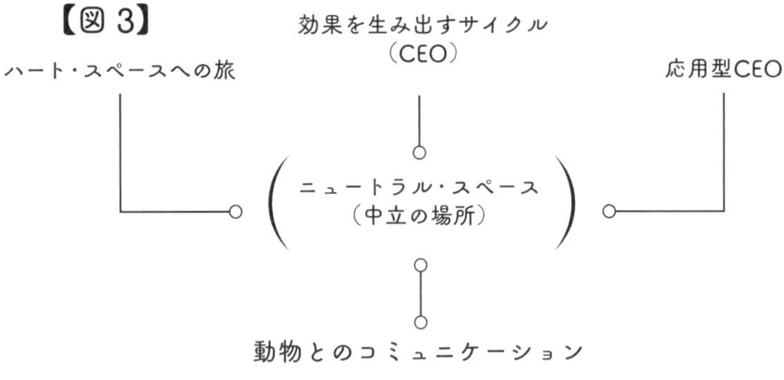

次に進む前に、ここまでに学んだ3つのテクニックの使い方について、まとめておきましょう。ハート・スペースへの旅、CEO、そして応用型CEOという3つのテクニックは、どれを使っても同じように動物たちとコミュニケーションが取れます。どれか一つだけが、特別に難しいということはありません。

3つのテクニックを全て練習し、あなたに一番合った方法がどれなのかを見つけ出してくださいね。私がハート・スペースへの旅の手順に従ってハート・スペースまで行けるようになったのは、アニマル・コミュニケーションを学びはじめてからしばらく経った頃のことでした。その頃はまだ、ハート・スペースへの旅がうまくいかないこともありました。ところがある時、〝大地との一体化〟と〝解放〟を行うことで、難しい状況下でもハート・スペースに行けることに気付いたんです。きっとあなたにも、あるテクニックが別のテクニックより効果的だと感じられることがあると思いますよ。

何度も言いますが、紹介した3つのテクニックは全て試してくださいね。そのうえで、うまくできないテクニックがあっても、気にしなくていいんですよ。3つともできる必要はありません。できないからといって落ち込んだり、行き詰まったままであきらめたりせず、今の自分と相性のいいやり方を選んで使いましょう。

ニュートラル・スペースに行けるようになるにつれて、3つ全部のテクニックを使いこなせるようにもなるはずです。

あなたは、動物たちと早くコミュニケーションを取りたくて、焦っていませんか？　まずはそれを脇に置いて、3つのテクニックをひたすら練習してください。ざわざわした頭の中を抜け出して静かなところに行くという経験を積むことが大切ですよ。ハート・スペースへの旅やCEO、応用型CEOのそれぞれのステップが、自然にできるようになることを目指してくださいね。継続して練習することも大切です。練習時間は１回につき10分でもいいですし、時間がなければ３分だけでも構いません。少なくとも週に３回は練習してくださいね。週に１回、時間をかけて練習するよりも、短時間の練習を何度もするほうが効果的ですよ。

Lauren's Advice

01. 動物とテレパシーを使ってコミュニケーションする時間の長さと次の２つの時間の長さには、関連性があります。

  a　ニュートラル・スペースにいられる時間

  b　せわしなく考え、判断し、評価する頭の中から離れていられる時間

02. ３つのテクニックのいずれかが、あなたをニュートラル・スペースへ導いてくれるでしょう。

03. たくさん練習しましょう。３つのうちのどのテクニックを使っても構いません。電車に乗っている間やお店でレジに並んでいる間に、自分と大地を結びつけるコードを伸ばしている人もいるんですよ！

04. 練習をすればするほど、成功に近づけます。

Chapter 7

動物たちとの一体感を感じよう

さて、いよいよ次は、動物とコミュニケーションを取ってみることにしましょう。**アニマル・コミュニケーションが本当に楽しくなるのはここからですよ！**

まずはスキルアップをしよう

私がまだアニマル・コミュニケーションを学んでいた頃のことをお話ししましょう。すでに紹介した3つのテクニックを練習し、ハート・スペースにも2〜3分なら留まれるというレベルに達した私は、いよいよ動物たちとコミュニケーションを取る（話す）練習を始めました。

ところが、「やっと動物たちと話せるんだ！」と喜んだのもつかの間、プレッシャーを感じてしまった私は、ネガティブな感情や頭の中のおしゃべりを、うまく自分の外に追い出せなくなってしまったんです。

その当時、一緒にアニマル・コミュニケーションを学んでいた人たちにも聞いてみましたが、みんな同じような問題を抱えているということがわかりました。つまり、自分の中の静かな場所に行けるようになったからといって、動物たちと話せるわけではなかったのです。

そこで私は、ハート・スペースへ行ってから実際に動物たちと話をするまでの間に、もう一つステップを踏むことにしました。これがとてもよい方法だったので、プロのコミュニケーターとして仕事をするようになった今でも、アニマル・コミュニケーションを行う時は必ずこの方法を使うことにしています。やり方は後ほど詳しく紹介しますが、私はこれを〝先入観を持たずに観察するエクササイズ（The Receptive Observation Exercise）〟と名付けました。本書では、ROEと呼ぶことにします。

※以後、〝ハート・スペース〟とは、本書の中で紹介しているテクニックを使って行くことのできる、どんなニュートラル・スペースも含むものとします。

【図 4】

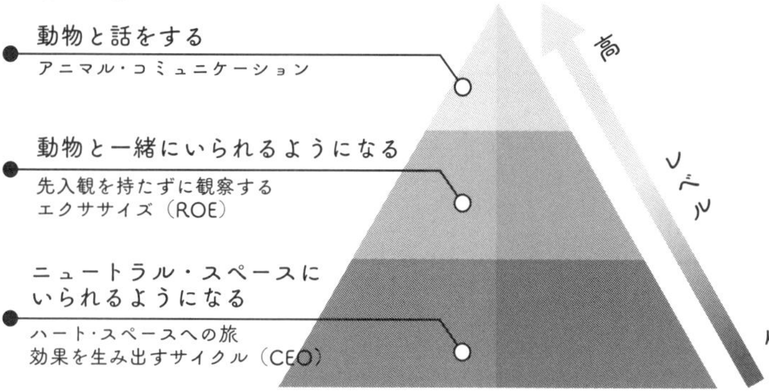

※ピラミッドの上に行くほどより難易度の高いテクニックが必要になります。

図4を見てください。このピラミッドはスキルアップの過程をあらわしていて、レベルが上に行くほど、テクニックの難易度が上がっています。

ピラミッドの一番下の部分は、Chapter 3～Chapter 6でお話しした基礎のテクニックです。誰でも、練習を積めば騒々しい頭の中を離れるためのテクニックを身につけられます。真ん中はROEです。ここでは、「動物たちとコミュニケーションを取らなければならない」というプレッシャーを感じることなく、ただ「動物たちと一緒にハート・スペースで過ごす」ことを目指します。そして一番上のレベルが、実際のアニマル・コミュニケーションです。ここまで来れば、実際に動物たちとコミュニケーションを取り、話すことができるというわけです。

図4の通り、ROEの練習はスキルアップのカギとなります。さらに、この練習を行うことで、自分の能力に対する自信を持つこともできるはずです。

先入観を持たずに観察するエクササイズ（ROE）

このエクササイズの目的は、動物たちと一緒にハート・スペースで過ごすことです。これは、**コミュニケーションの練習ではありません**。ハート・スペースへ行って、動物たちを観察し、彼らの外見だけではなく、性格などの内面に関する情報を受け取りましょう。動物たちがしたいと思っていることのイメージも受け取れるかもしれませんよ。

誰かが喜んだり悲しんだりしている時、その人の気持ちを感じ取れることがありますよね。部屋に入った途端、その場にいる人たちが喧嘩中だと分かることもあるでしょう。同じように、動物たちの気持ちも感じることができます。私たちは始終、感情や空気を感じ取っていて、これがまさに〝先入観を持たずに観察する〟ということなんです。

ほとんどの人は、日頃から、文字通り直接動物たちに話しかけているはずです。話しかけるのは簡単ですからね。アニマル・コミュニケーションで一番難しいのは、動物たちの話を聞くことです。ROEでは、動物たちから情報を得るためのテクニックに焦点を当てています。常にパラボラアンテナを〝受信モード〟にするようなものだと考えてください。

ROEは、動物が写っている写真を使って行なうようにしましょう。実際に動物と向きあってこのエクササイズを行うのは、難しいと思います。どんなに集中しようとしても、彼らは必ず何かしら音を出したり動きまわったりするので、気が散ってしまうんです（もっとも、練習を積めば、それも気にならなくなりますが）。

それに、自分の知っている動物ではなく、会ったことのない動物やあまりよく知らない動物を相手に練習してくださいね。自分が受け取った情報が相手の発したものなのか、自分が知っている事実を基に考え出したものなのか、区別するのは大変です。知らない動物を相手にROEを行なって、飼い主さんにその結果の答え合わせをお願いするようにしましょう。

まず、動物の写真と、紙とペンを用意してください。ここで大切なのは、「その写真の動物が今も生きているということ」と、「飼い主さんがアニマル・コミュニケーションに対して理解を示し、受け取った情報の答え合わせに付き合ってくれる人であること」の２点です。

以下がこの練習の手順です。よく読んでから始めてくださいね。

Lauren's Exercise 2

先入観を持たずに観察するエクササイズ（ROE）

- いま現在も生きている動物の写真を用意しましょう。面識のない動物やよく知らない動物の写真を使うのがポイントです。
- 自分の好きなテクニックを使ってハート・スペース（もしくはニュートラル・スペース）へ行きましょう。
- 自分の頭の中から抜け出すのに、たっぷりと時間をかけてください。このエクササイズでいちばん大切なのは、この部分です。
- 目の焦点を合わせないようにしましょう。一点を見つめるのではなく、視野を広げるようなつもりで写真を見てください（凝視してはダメですよ。自転車に乗っている時のように、自分の前方だけでなく、周りにあるもの全てを見るような感じです）。
- 目を開けて写真を見続けても構いませんし、心の中にその写真を焼き付け（写真を見て、どんな細かいことでもいいのでそこに写っている動物の特徴を捉えるようにし、そのイメージをハート・スペースに持っていく）てから眼を閉じても構いません。

- 次に動物から得た情報を紙に書き留める練習を始めましょう。アニマル・コミュニケーターは皆、その場でメモを取ります。あなたもすぐに、できるようになりますよ。

- 私たちの記憶装置は頭の中にあり、ハート・スペースにあるのではありません。ニュートラル・スペースには情報を保存できないのです。自分の得た情報は２～３分もすると消えていってしまいます。目覚めた瞬間は夢の内容を覚えていたのに、いつの間にか霧のように消えていってしまう。それと同じことなんです。

- 夢を見るのも、動物たちとコミュニケーションを取るのも、脳で意識して行うのではありません。

- メモを取ることで頭の中に戻ってしまうのではないか、と思う人もいるかも知れませんが、そんなことはありません。書き方は手が覚えています。文章を書く時に、いちいち文字を分析したり、書き順を考えたりしないですよね？

- ただ、あなたが受け取った情報（例えば〝喜び〟や〝偏食〟など）を、何も考えずに書きましょう。授業中に、話を聞きながらノートを取るのと全く同じことですよ。

- ハート・スペースに腰を落ち着けて動物と一緒に過ごしましょう。彼らから何か感じられることはありますか？

- 幸せ、悲しい、元気、陽気、真面目、行きたい場所、好きなこと、食べたいものなど、自分がその動物から受け取る印象は全て拾いあげてください。手始めに、動物の身体的な特徴を書き出すのもいいでしょう。ただし、実際に見て書くのはだめですよ。
- この練習の目的は、動物と直接コミュニケーションを取ることではありません。動物たちに話しかけたり、質問したりしないようにしましょう。
- 動物たちを呼び出して話しかけるのとは違いますが、ROE はとても役に立つエクササイズです。
- 一緒にいる動物について十分にわかったと思ったら、このエクササイズは終わりです。
- 最後に、自分が書いたメモの内容を飼い主さんに教えてあげましょう。きっと、その結果に驚くはずですよ！

ここで、私が実際にこのエクササイズを行った時の結果を見てみましょう。写真はゾーイという名前のウサギです。

ゾーイ

長い耳　柔らかそう	おもちゃは好きじゃない
まつげが長い	おやつが大好き
おっとりとした温かい目	ニンジンみたいなものが一瞬見えた
毛並みがとってもきれい	のん気
かわいらしい鼻　優しそう	ちゃんと自分の意見を持っている
フレンドリー？　たぶん人間が好き	意外と賢いかも
独立心が強そう　幸せそう	絶対に自分は頭がいいと思ってる！

Zoe's Data

正しくエクササイズを行えば、2～3分でこのような情報が得られるはずです。もし結果が、見た目で判断できるような特徴や写真のような描写に限られてしまっているとしたら、それはあなたが頭で考えたり、目で見た情報に頼ってしまったりしているという証拠です。もう一度、ハート・スペースに行くところからやり直してみてください。

私の講座でもこのエクササイズを行うのですが、自分が行ったROEの結果に、誰もが驚くんですよ。たった1枚の写真から、どれだけ多くの情報を集められるか――あなたも実際にやってみれば、きっとビックリするはずです。

先ほどもお話しした通り、私は仕事でアニマル・コミュニケーションを行う時にもROEを行なっていますし、私の他にも、同じようなテクニックを使っているコミュニケーターたちがいます。見た目だけではわからない、性格など内面に関する情報をあらかじめ知っていれば、相手の動物のことも理解しやすいですし、会話もスムーズに進められるんですよ。

このエクササイズは、練習するだけして「できるようになったら終わり」ではありません。スムーズに動物たちと会話できるようになった後も、ぜひこのテクニックを使い続けてくださいね。

エクササイズの結果とその内容の確認

このエクササイズで得られた結果を動物の飼い主さんに話して、答え合わせをしましょう。始めのうちは正しい情報を受け取っている場合もあれば、間違うこともあるはずです。半分が正しくて、もう半分が間違っているというのは、よくありますから、間違った情報が含まれていても、がっかりしたり落ち込んだりしないでくださいね。

例えば、あるウサギの写真を使ったROEで「人と遊ぶのが好きそう」だと感じたとします。でも、飼い主さんは「この子は自分から近づいていって人と一緒に遊ぶのは好きだけど、自分に近づいてきた人から可愛がられるのは好きじゃないんです」と言いました。この場合、あなたが感じたことは間違っていると思いますか？　100%の正解ではありませんが、ほとんど当たっていると言えますよね。

フラワー・エクササイズやROEなど、テレパシーを使ったエクササイズを行った時に、その結果の正誤を確認するのが、ちょっと怖いという人がいます。その気持ちはよくわかります。私自身、練習を始めたばかりの頃はいつも不安だったんですから。

でも、練習を続けるうちに、結果が正しいか間違っているかに関係なく、全ての練習が自分のためになると考えられるようになったんです。

もちろん、好んで間違える人なんていないですよね。練習中に自分の間違いを指摘された時、私はそれを〝建設的な意見〟だと考えるようにしていました。あなたも、間違えた時には「間違えなくなるまで、もっと練習しよう」と考えて、自分のモチベーションを上げるようにしてみてください。

ここで、間違った結果に行き着いてしまう理由として、多くの人に当てはまると思われるものを、いくつか紹介しておきましょう。

CASE 1 ハート・スペースと頭の中を行ったり来たりしていませんか？

これは、アニマル・コミュニケーションを学んでいる人全員が必ず経験します。まずは、ハート・スペースに行くためのテクニックを練習してください。練習すればするほど、ハート・スペースに留まっていられる時間が長くなり、信頼性の高い、正確な結果が得られるようになるはずです。

CASE 2 不安を感じていませんか？

ネガティブな感情が邪魔になって、正確な情報が得られないこともあります。そんな時には、エネルギーのコードを地中に向かって伸ばして大地と一体化してください。そして、ネガティブな感情を放出しましょう。自分がまだ勉強中であること、完璧な結果を出す必要はないということを忘れないでください。

CASE 3 テレパシー用の筋肉はちゃんと鍛えられていますか？

テレパシーをする際に使う筋肉も、身体の他の筋肉と同様に、毎日使い続けて鍛えておきましょう。全く使っていなかった筋肉を使える状態にするには、もちろん時間がかかります。じっくり腰をすえて練習しましょう。焦らず我慢することが大切ですよ。

CASE 4 アニマル・コミュニケーションに対して、無意識に恐怖心を抱いていませんか？

友達や家族に「私は動物と話せます」なんて言ったら、頭が変になったと思われないかとビクビクしている人も大勢います。また、アニマル・コミュニケーションは、自分の内面を探る旅です。中には、自分の心の奥をのぞくことに対して恐怖を覚える人もいるでしょう。でも、そういったネガティブな潜在意識がテレパシーによるコミュニケーションを妨害することもあるんですよ。それを克服するためには、ハート・スペースに行くのが一番です。リラックスして、自分の問題が一体何なのか、自分自身に問いかけてみてください。自分の中の空気をきれいに洗浄するようなイメージを持つといいでしょう。

CASE 5 練習は十分ですか？

安定して結果を出せるようになる、正確な情報を得られるようになる。そのためには、練習が不可欠です。練習を避けて通ることはできません。

トライ＆アラウ（努力と受容）

ここで、アニマル・コミュニケーションを行う際に、さまざまな場面で私たちをサポートしてくれる考え方〝トライ＆アラウ（努力と受容）〟についてお話ししたいと思います。

あなたには人生における目標がありますか？　きっと、ありますよね。そして、その目標を達成するために、日々努力していることでしょう。でも、どんなに頑張っても変えられないものもあります。それは、私たちの周りに満ちている自然のエネルギーです。

例えば、花のつぼみを開かせようとして、無理に花びらを引っ張っても、咲かせることはできないですよね。そのつぼみが、おのずと開き、美しく優雅な花へと変身するのを待つしかありません。同じように、自分の内面や性格も無理に変えることはできません。短気な人が急に明日から忍耐強くなろうと思っても、難しいですよね。ハート・スペースのような静かな場所で、自分の内面を見つめなおし、時間をかけて変えなければいけないでしょう。

また、自分のバイオリズム、人生の浮き沈みだって操作できません。人生というのは、広い海のようなものです。波間にぷかぷか浮かんで穏やかに過ごせる日もあれば、潮の流れが早く流されてしまう日もあります。もちろん、波に逆らって一生懸命に泳ぎ、その場に留まることもできるでしょう。しかし、その流れに身を任せ、行き着いた先が、本来自分のいるべき場所なのだという事実を受け入れるほうが簡単だと思いませんか？

同じように、テレパシーを使って情報を受け取ろうとすることにも意味がありません。情報がハート・スペースへ入り込んでくるのを、受け入れることが大切です。

実は、アニマル・コミュニケーションで努力が求められるのは、練習時間を作るという部分だけなんです。実際にテクニックやエクササイズを行う時には、どんなに自分の意思や知識を使って努力したとしても、よい結果を無理矢理もたらすことはできません。

逆に、その一生懸命な努力が、自分のスキルアップを邪魔することもあり得ます。努力するというのはつまり、成果を期待したり、結果を予想したり、思い通りの答えを勝手に想像したり、さらには結果が出せないかもしれないと言って自信を無くしたりすることなんです。そういった思いや感情が壁となって、本能的に情報を受け入れられないこともあるんですよ。

もちろん自分の目標を設定するのは素晴らしいことです。しかし、目標にこだわるあまり、大切な結果を軽視したり、見逃したりすることもあります。例えばこんな風にです。

——あなたは今、アニマル・コミュニケーションの練習をしています。今日のあなたの目標は「テレパシーを使って一緒に暮らしている猫とコミュニケーションを取る」ことです。

そこで、まずはじめに、ハート・スペースへ行こうとします。ただし、あなたは精神的にも感情的にも、自分の目標を達成することに一生懸命で、コミュニケーションを取ることしか考えられなくなっているため、焦ってハート・スペースに行こうとしてしまいます。
ハート・スペースへ行ってからのあなたは、猫と一緒に過ごし、ROEを行なうだけではもの足りないと感じ、テレパシーを使って猫と話そうと躍起になります。すると「目標を達成しなきゃ」、「早くハート・スペースに行かなきゃ」という声が頭の中でこだまして、あなたの邪魔をしてきます。気付けば、あなたは頭の中に逆戻りしているのです。

わかりますか？　猫に話しかけようと努力すればするほど、目標を達成することが難しくなってしまっていますよね。こんな時には、その猫が自分の心の奥深くに入ってくるまで待ち、お互いの絆がより深まるのを待ちましょう。

ハート・スペースでコミュニケーションを取るということは、動物たちと話すことだけを指すのではありません。彼らと一緒に過ごし、お互いの愛情を感じ、より深いところでお互いを知ることも、会話と代わらないほど貴重な経験なんですよ。

目標を立てて自分を追い込むのではなく、ただ愛する動物と一緒にいるという状況を受け入れてください。そうすれば、テレパシーを使ったコミュニケーションがより自然にできるようになるはずです。

目標を持つことは大切です。ただ、そこに向かって一生懸命に努力するのではなく、それが達成されるところをイメージし、ちょっと回り道をすることになっても、その時々の状況を受け入れることが、成功の秘訣なんです。こういう時は、よく「流れに身を任せなさい」と言いますよね。

Lauren's Advice

01. 先入観を持たずに自分の心を開いてください。

02. 動物たちが送ってくる情報を素直に受け入れましょう。そして自分の本能に従いましょう。

03. 肉眼では見ることのできない、動物たちの本当の姿が見られる世界へ、彼らが連れて行ってくれるのを待ちましょう。

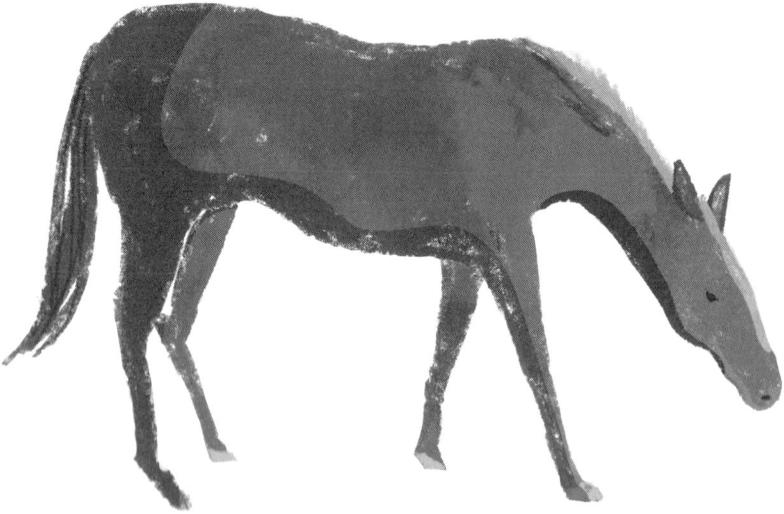

Chapter 8

アニマル・コミュニケーションを実践してみよう

すでに世界中のたくさんの人たちが、アニマル・コミュニケーションは実用的であると認めてくれていますし、もちろん、あなたもその一人ですよね？　Chapter8ではまず、実際にアニマル・コミュニケーションを始める前に、その〝仕組み〟つまり実践的な部分についてお話ししたいと思います。またChapter8の最後にある、動物たちに話しかける時に役立つ、私からのアドバイスもぜひ参考にしてください。

アニマル・コミュニケーションは書き留めよう

これはChapter 7でもお話ししましたが、ハート・スペース（もしくはニュートラル・スペース）には、動物たちから受け取った情報を保存しておくスペースがありません。つまり、アニマル・コミュニケーションの最中に受け取った情報を後から確認するためには、全てを書き留めておかなければいけないのです。

動物たちは、ものすごい速さで、立て続けに情報を送ってくることもあるでしょう。内容がおかしいとか、質問に対する答えになっていないこともあるかもしれません。それでも、全てを書くようにしてくださいね。その時は意味がないように思えたとしても、動物やその飼い主さんにとっては大切なことだってあるんですよ。

例えば、私がまだ動物と会話をする練習を始めたばかりの頃にこんなことがありました。

私は知人の家の犬を相手に会話の練習をしていたのですが、その会話の中で、一瞬、お皿に乗ったアイスクリームのようなものが見えたんです。でも、自分が見たのが本当にアイスクリームなのか、なぜ会話の内容に関係ないイメージが飛び込んできたのか、その時は全くわかりませんでした。

会話が終わり、飼い主さんに会話の内容を話す時になっても、自分が見たものについて自信が持てず、ドキドキしながらそのことを話しました。すると、彼女が声をあげて笑い出しました。近くその犬の誕生日が来るので、誕生日にアイスクリームをプレゼントしてあげるという話をしたばかりだったんだそうです。まったく！　私にまでアイスクリームのイメージを送ってくるとは、よっぽどご馳走のアイスクリームを楽しみにしていたんでしょうね。

このような体験はフラワー・エクササイズやROEであなたも経験しているのではないでしょうか？　一瞬のひらめきや「気がする」だけだとしても、その時受け取った情報には何か重要な意味があるはずだと、常に考えるようにしてくださいね。

動物たちの話すスピードは、私たちの日常会話と同じくらいです。つまり会話の内容は、かなりの速さで書き留める必要があります。そこで私は、動物たちの話に遅れないよう、よく使う言葉を自分なりに略して使っています。**後で見た時に、自分がその内容を思い出せれば十分**です。他人にわかるように書く必要はないんですよ。

こういった略語は、英語ではメールを送る時によく使われています。例えば、〝You〟を発音が同じ〝U〟で表したり、〝How are you?〟を〝HRU?〟と略したりします。

英語と日本語は違いますので、あなた自身で略語を作ってもいいですし、次の例の中から、自分が書きやすく覚えやすいと思うものを選んで使ってもいいでしょう。

使用頻度の高い言葉	略語の例
ありがとう	ARG
散歩	SNP
遊ぶ	ASB
楽しい	TNS
公園	KE
人間	NG
さようなら	SYN
食事	SJ
笑う	WA
悲しい	KNS
スーパー	SP
動物	DB

Words

※ここで紹介しているのは、よく使うと思われる日本語を、アルファベットに直し短くしたものです。あくまでも例ですので、自分で覚えやすいようにひらがなやカタカナを使ったり、新たなものを作ったりするのもいいでしょう。

自分だけのコミュニケーション日誌

次に、あなたもぜひ、アニマル・コミュニケーション専用の練習帳*3 や日誌を作ってください。これには、いくつかの便利な使い方があるんですよ。

まず、自分が行った全てのコミュニケーションを、日付順に整理しておけば、自分の上達具合を確かめられます。また、自分のスキルが上がるにつれて、一回のコミュニケーションにかける時間が長くなり、より細かい情報まで動物たちから受け取れるようになっていることもわかるでしょう。

はじめのうちは、一つのスタイルの情報しか受け取っていないけれど、次第にその種類が増えていくといったように、能力の変化も見られるはずです。自分がスキルアップしていく過程を記録しておけば、後で見返した時に、きっと自分に自信を与えてくれるでしょう。自信がついて、自分の成長が感じられれば、練習のモチベーションにもつながりますよ。

それに、記録をつけることは、これからコミュニケーションを行うのだという〝心の準備〟にもなりますので、ぜひこれを習慣にしてください。私のコミュニケーションも、専用のノートとお気に入りのペンを用意するところから始まります。ちょっとしたことかもしれませんが、いつも同じ手順を踏むことで、自分を落ち着かせることができるんです。

ノートを用意する時に気をつけてほしいのは、A4やB5サイズなど大きなものを用意するということです。先ほどもお話ししたように、会話の内容はかなりの速さでノートに書かなければいけません。そんな時に小さいノートやメモ帳を使っていると、しょっちゅうページをめくる羽目になり、結果として話を聞き逃してしまうことも考えられますからね。

なお、私はどちらかというと書くのが雑なほうなので、罫線入りのノートを使っていますが、この点に関しては自分の好みに合わせて選んでください。

次に、ノートの書き方を説明します。

まずコミュニケーションを始める前に、ノートに次のような事柄を書きましょう。

①これからコミュニケーションを取る動物の名前

②日付

③開始時刻（目を閉じてハート・スペースへ行く直前の時刻を書いてください）

④所要時間（どのくらいコミュニケーションが続いたかを書くスペースも必要です）

私の場合、仕事でアニマル・コミュニケーションを行う時には、時間単位でクライアントに費用を請求するため、正確な所要時間の記録が必要なんですが、あなたもコミュニケーションの所要時間はきちんと記録するようにしてくださいね。

練習を始めたばかりの頃は、誰でも少しの間しかハート・スペース（もしくはニュートラル・スペース）に留まっていられないけれど、練習を積むに連れてその時間が長くなるとお話ししたのを覚えていますか？　コミュニケーションの所要時間についても、これとまったく一緒のことが言えるんです。ノートにコミュニケーションの所要時間をきちんと記録しておけば、自分の進歩を目で見て確認することができるので、自信を深めることができますよね！

【図5】コミュニケーション日誌

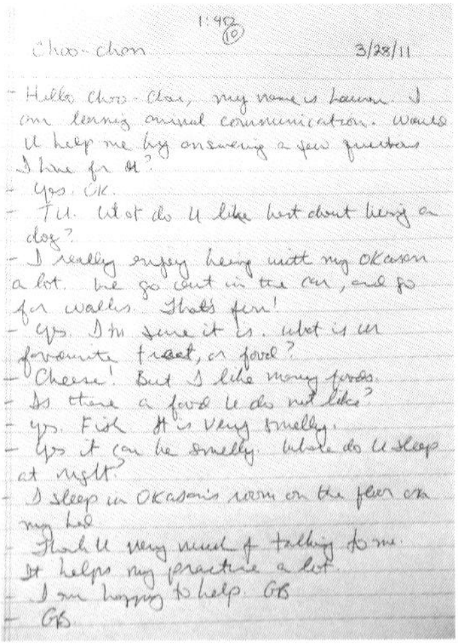
1:40
(10)
Choo-chan 3/28/11
- Hello Choo-Chan, my name is Lauren. I am learning animal communication. Would U help me by answering a few questions I have for U?
- Yes. OK.
- TU. What do U like best about being a dog?
- I really enjoy being with my Okasan a lot. We go out in the car, and go for walks. That's fun!
- Yes. I'm sure it is. What is ur favourite treat, or food?
- Cheese! But I like many foods.
- Is there a food U do not like?
- Yes. Fish. It is very smelly.
- Yes it can be smelly. Where do U sleep at night.
- I sleep in Okasan's room on the floor on my bed.
- Thank U very much for talking to me. It helps my practice a lot.
- I am happy to help. GB
- GB

①名前　チューちゃん

②日付　3/28/11

③開始時刻　1:40

④所要時間10分

—話し手の変更点

—チューちゃん、こんにちは。私はローレンよ。私はアニマル・コミュニケーションを学んでいるところなの。これから私があなたに質問をするから、それに答えてもらえる？

—うん、いいよ。

—ありがとう。犬でいることを、あなたはどう思う？

—僕はお母さんと一緒にいるのがとても楽しいんだ。車で出かけたり、散歩に行ったりするんだよ。それが、面白いんだ！

—あぁ、きっとそうでしょうね。あなたの好きなおやつは何？

—チーズだよ！　でも、いろんな食べ物が好き。

—嫌いな食べ物はあるの？

—うん。魚だな。嫌な臭いがするんだもん。

—そうね、臭いがすることもあるわね。あなたは夜はどこで寝ているの？

—お母さんの部屋においてある自分のベッドで寝ているよ。

—私とお話してくれて、ありがとう。とてもいい練習になったわ。

—お手伝いができて、光栄だよ。じゃあまたね。

—じゃあね。

　コミュニケーションの内容をノートに記録する時は、自分の好きなように書いてください。例として私のノートを少しお見せしましょう（図5参照）。

因みに、後でコミュニケーションの記録を読み返したり、飼い主さんに内容を見せたりする時のために、自分が話したことと、動物が話したことを区別しておく必要がありますよね。でも、いちいち名前を書く時間がもったいないので、私は話し手が変わるたびに「－」を使って区切りをつけるようにしています。図５のノートの左側、欄外部分にこの記号が書いてあるのがわかりますか？

話したい動物と〝結びつく〟には……

よくクライアントの人たちに驚かれることの一つが、コミュニケーションで動物たちから受け取る情報の内容は、相手の動物が目の前にいても、離れた場所から写真を使ってコンタクトをとったとしても、同じだということです。

Chapter2でもお話しした通り、〝考えを乗せた電波〟は携帯電話やテレビ、ラジオの電波と同じように距離に関係なく受け取れます。自分のオフィスにいながら、写真を使って、世界各地の動物たちとコミュニケーションを取ったとしても、私自身がクライアントの家を訪れて、動物たちと直接会ったとしても、受け取る情報の質は変わりません。大切なのは、コミュニケーション相手の動物が自分に送ってくる〝電波〟を受信できるように、自分のアンテナをチューニングすることだけなんです。

そこで今度は、アンテナをチューニングする方法についてお話しします。まず、特定の動物とコミュニケーションするためには、次のような条件が必要です。

①名前を知っていること
②どのような外見なのかを知っていること
③年齢を知っていること（子供、大人、年寄りなど、だいたいでも構いません）
④オス・メスがどちらなのかを知っていること

実際に呼びかける方法の前に、特定の動物に呼びかけるのは、電話をかけるのによく似ているという、私の持論を紹介させてください。電話をかける時には相手の電話番号が必要ですよね。アニマル・コミュニケーションで話をしたい動物に呼びかける時もこれと同じです。名前以外に何も情報がないというのは、電話番号の初めの２～３桁しかわからないようなものなんです。

例えば、「うちのマロンと話をしてもらえませんか？」という依頼があったとしましょう。この時、手元にある情報は〝マロン〟という名前だけです。ここでテレパシーを使って「マロン！　マロン！」と呼びかけると、マロンと名付けられた何千という動物たちが集まって来ます。これでは、お目当てのマロンを見つけられないですよね。

話したい動物の外見を知っておく

自分のアンテナをお目当てのマロンの周波数に合わせるた

めには、マロンの外見や身体の特徴を知る必要があります。つまりマロンについての詳細＝電話番号ということになります。オスなのかメスなのか、おおよその年齢はいくつなのか、こういった情報一つひとつが、電話番号の一桁と同じ役割を果たすことになるんですよ。

あらかじめマロンが仔犬だとわかっているのに、私のところにやって来たのが成犬だったとすれば、それがお目当ての犬ではないとわかりますよね。相手の基本的な情報を知ったうえで呼びかけるというのは、インターネットの検索エンジンにキーワードを入力して、必要な情報を探し出すのとも似ていると思いませんか？

動物たちの外見が〝わかる〟という時は、次の３パターンのいずれかに当てはまります。

①そばに動物がいる
②写真で確認する
③（以前に会ったことがあるので）知っている

よくある最初の２つのパターンについて、もう少し詳しくご説明しましょう。

パターン１：そばに動物がいる

私の場合は写真を使うよりも、実際に動物たちの側で練習をするほうが好きでした。実際に彼らの姿を見たり、触ったりして、物理的な結びつきを感じられる状態でいると、なんとなくパワーが増幅されるような気がしたんです。

もちろん、実際には、動物に直接触れたからといって、コミュニケーションがうまくできるわけでもなければ、逆に離れているからといって失敗するわけでもありません。ここで私が言いたいのは、当時の私はこの思い込みのおかげで、自分の能力に多少なりとも自信が持てたということです。

一方で、動物が目の前にいると気が散ってしまうと言う人もいます。動物たちが眠ってしまったり、部屋から出ていってしまったり、おやつを食べたり水を飲むために部屋の中をうろついたり、誰かの邪魔をしたりといった行動を取ることもあるでしょう。そのせいで、彼らが自分に注意を払っていないのではないか、自分と話すのには興味がないのではないかと感じてしまい、集中できないという人もいるようです。

では、ここで思い出してください。私たちが相手にするのは、動物たちの肉体を離れた、高尚な存在である魂でしたね。つまり、動物たちがどんな行動をとったとしても、コミュニケーションには全く影響しないんです。たとえ彼らが部屋から出ていったとしても、テレパシーを使った繋がりは保たれています。これは同時に、私たちは自分の好きな時に動物たちと話せるということも意味しています。昼寝中であろうと、食事中であろうと、乗馬に出かけていようと、いつでもコミュニケーションを取って構わないんですよ。

パターン2：写真で確認する

コミュニケーション相手の動物が実際に目の前にいない場合には、写真を用意しましょう。できれば顔だけのアップではなく、全身が写っている写真を用意してくださいね。〝一本だけ足先が白い〟黒猫とコミュニケーションを取るとしたら、その足先のことを知っておく方がいいでしょう？　動物の外見が分かれば、写真は直近のものである必要はありません。猫や犬、ウサギを含む多くの動物たちは、いわゆる〝中年〟になっても外見はほぼ変わらないのですから。

メールで送られてきた写真を使うのであれば、プリントアウトすることを強くお勧めします。スマートフォンやタブレットの画面に写真を表示した場合、ハート・スペースに着くころには、画面が暗くなってしまっているでしょう。再び画面に写真を表示させるには、頭の中に戻らなければなりません。でも、プリントした写真があれば、一瞬目を開けるだけで確認できますからね。

「写真を使うのと、直接話しかけるのでは、どちらのほうが簡単ですか？」

講座の受講生たちから、こんな質問をされることがあります。私はこれに対して、

「人によって異なります」

と答えるようにしています。コミュニケーション相手の動物がすぐ側にいても、遠く離れたところにいても、受け取る情報の質は同じだということは、もう何度も話しましたよね。プロのコミュニケーターの多くは、写真を使っています。そ

のほうが便利ですから。ただし実際には、対面でコミュニケーションするほうがいいと言う人もいれば、写真を使うほうがいいと言う人もいます。対面でも、写真を使っても、どちらでも構いません。心地よいと感じる方法、自信を持てる方法を選んでください。それがあなたにとって正しい選択なのですから。

事前に質問を用意しよう

練習を始めて間もない頃は、何度も繰り返し頭の中に戻ってしまうものだと、もうお分かりいただけましたよね。これは避けて通れない、誰にでも起こることなんです。とは言え、情報を求めて頭の中に戻ることは、できるなら避けたいもの。そこで効果的なのが、動物の写真をプリントアウトすることです。そして、コミュニケーションを始める前に、質問を用意しておくことも重要なポイントですよ。

「どうして自由に動物と会話してはだめなの？」と疑問に思う人もいるでしょう。でも、ちょっと考えてみてください。動物に「あなたは幸せ？」と聞くと「うん、幸せ！」といった答えが返ってきます。では、次に何を質問するか。これを決めるために、あなたは頭の中に戻らなければいけません。事前に聞きたいことを決めておく、または、飼い主さんから質問のリストをもらっておけば、頭の中へ戻る必要はなくなります（次のChapter9では、いろいろなタイプの質問について学びます）。

事前に準備する質問は5つにしておきましょう。5つあれば十分ですし、ニュートラル・スペースに長時間留まらなければならないというプレッシャーを受けることもありませんから。

動物たちに呼びかけてみよう

それでは、いよいよ動物たちに話しかけてみましょう。まずはじめに、すでに紹介した3つのテクニックのいずれかを使って、ハート・スペース（ニュートラル・スペース）へ行きます（86ページ図3参照）。その前に、先ほどお話しした通り〝電話番号〟（＝自分のお目当ての動物に呼びかけるのに必要な情報）を用意するのも忘れないでくださいね。そして、周りのものに気を取られないようにするため、記録ノートに書き込む時以外は目をつぶるほうがいいと思いますよ。

ハート・スペースに行ったら、この後に書かれている手順に従って動物たちに呼びかけてみてください。

Lauren's Technique 4

動物たちに呼びかけよう

ハート・スペースにいることが確認できたら、動物の名前を3回呼びます。

- 一度名前を呼ぶごとに、その名前をイメージしましょう。その名前を表す〝文字〟をイメージするんですよ。

- さらに、その文字がふわふわと漂い、あなたが呼んだ動物の身体の上に舞い降りるところをイメージしてください。例えば、モモという猫を呼び出すとしましょう。あなたが「モモ！」と呼びかけると同時に〝モモ〟という文字がふわりと舞い降りてきて、モモの身体にペタっとくっつくところをイメージするのです。これを３回繰り返しましょう。

- 名前を３回呼び終わったら、「こんにちは」と話しかけましょう。

- 「こんにちは」や「はーい」といった返事は期待しないでください。動物たちの返事はとても速くて短いので、始めのうちは聞き逃がさないほうが珍しいくらいです。

- これはよくあることなので、しばらくの間は返事が聞こえなくても気にしないでください。返事をもらったふりをして次に進みましょう。

- 次は自己紹介です。「私の名前は○○○。動物たちと話をする方法を勉強している最中なの。もしよかったら、少し私の勉強を手伝ってもらえる？　いくつかあなたに質問をするので、それに答えて欲しいの」と伝えます。

- 動物たちからは「いいよ！」や「お手伝いします」といった返事があるでしょう。

- 先ほどと同じく、動物たちの返事はとても短く、聞き逃してしまう可能性もあります。返事をもらったふりをして、一つ目の質問をしましょう。

長年、動物たちと話してきましたが、私たち人間と共に暮らす動物たちから「嫌だ」とか「話したくない」といった返事をもらったことは、一度もありません。私の知る限りの生徒さんも同様です。ただし、人を相手にする時と同じように、「聞きたいことがいくつかあるので、教えてくれますか？」と、丁寧に尋ねましょう。彼らは私たちと過ごす時間を楽しみにしていますし、人間と話すことを、またとない機会だと思っています。

野生動物の場合は少し状況が異なります。野生動物の中には、人間に興味を持つものもいれば、無関心なものもいるんですよ。

もちろん、動物たちにも自由な意思がありますから、話したくないという動物たちもいて当然です。

自分が受け取ったのが「嫌だ」という返事だという確信があるのなら、その時は、その動物が自分の所へ来てくれたことに感謝し、「さようなら」を言いましょう。

どうしてふりをするのか

私も、他の優秀なインストラクターたちも、実は、あるトリックを使っています。

そのトリックとは、ふりをすること、もしくはイメージすることです。これから練習をしていく中で、コミュニケーションの最中に会話が止まってしまうことがあると思います。そんな時には、とにかく返事をもらったつもりになって、ノートにそれを書いてください。

「動物たちが言いそうなことを想像して、返事をでっちあげるなんて」と思うかもしれませんが、あなたが想像力を働かせて創り上げたと思っていることが、実は動物から送られてきた情報だという可能性もあるんです。アニマル・コミュニケーションは、自分自身の想像と、実際の動物の返事を区別するのが難しい、繊細なものだと覚えておいてください。

想像力は、リラックスして気持ちを高め、動物を迎え入れる扉を開く手助けとなってくれます。

逆に、ふりをすることを拒んでいては、フラストレーションが溜まるばかりで、進展も望めず、最終的にはあきらめてしまうことにもなりかねません。実は私も、練習を始めたばかりの頃は、いつも進展の無い自分にイライラする一方だったんですよ。今になって思えば、もっと早くこのトリックを使えばよかったんでしょうね……。自分の想像力を受け入れるようにしてからは、数え切れないほど〝会話しているふり〟や〝聞いたふり〟をしてきました。すると、それまで自分の想像だと思っていたことが事実なのだと確認できただけでなく、リラックスして、前向きに考えられるようになり、物事が好転し始めたんです。

まだあなたはプロのコミュニケーターとして仕事をし、お金をもらっているわけではないのですから、こういったやり方に、引け目を感じる必要はありません。この先いつか、動物たちの話を書き留めている時に、自分では絶対に考えつきそうもないことや滅多に使わない言葉、表現などを書いていることに気付く瞬間がやってくるでしょう。それこそが、あなたのハート・スペースに動物たちがやって来たという証拠です！

それまでは、ふりをするのもアニマル・コミュニケーションを学ぶための練習方法の一つだと思ってください。もちろんふりをするのは、たまにだけと決めて練習するのでも、わからなくなったら毎回するのでも構いません。

自分の声と動物の声を確認し、両者の違いを知るために、ぜひ面識のない動物たちとコミュニケーションを取る練習をしてください。自分の勝手な想像だと思っていたことを、相手の飼い主さんに確かめてみたら、実際にはその動物が答えたことだったなんてこともあり得ますからね。

コミュニケーションのためのアドバイス

あなたは今、テレパシーを使って、初めてのコミュニケーションを行おうとしているところです。そんなあなたに向けて、私からいくつかのアドバイスを贈ります。

コミュニケーションでは、あらゆるものを受け入れるようにしてください。ハート・スペースにいれば、あなたにとって意味があるかどうかにかかわらず、どんな情報でも受け入れられるはずですよ。情報は、言葉や映像として受け取るかもしれませんし、フィーリングや一瞬のひらめきを感じるかもしれません。それがどんなスタイルであっても、どんな内容であっても、とにかくノートに書き留めてください。

アニマル・コミュニケーションは、楽しく、喜びに満ちたものです。動物たちは私たちとの会話を楽しんでいます。ぜひ、彼らのことをもっと理解してあげてください。そして、私たちのことをもっと教えてあげてください。

真剣にアニマル・コミュニケーションを学ぼうと考えるのは当然だと思いますが、動物たちと話そうと必死になればなるほど、彼らの気持ちが冷めてしまうこともあります。彼らの視点に立って、フレンドリーに接するようにしてください。動物たちは、大地と一体化している人と一緒にいると居心地がよいようです。エネルギーのコードを地球の中心に向かって伸ばすのも忘れないでくださいね。

動物たちに選択権を与える時は、絶対に彼らの選んだ答えを尊重してください。動物たちにやりたいこと、欲しいものを選べるようにしてあげられるなんて、素晴らしいと思いませんか？　私たちがどれだけ彼らのことを尊重し、信頼しているのかも伝えられるんですよ。ただし、彼らが選んだ答えを尊重できないような時には、そういった問いかけをしてはいけません。

例えば、病気にかかっている動物に「獣医さんの所に行きたい？」と聞いたとします。すると「ぼく、行きたくないよ！」という返事が返ってきました。あなたは彼の望みを尊重しなければならないのですから、獣医さんのところに連れて行くことはできません。

でも、病気にかかっている以上、獣医さんに診てもらう必要がありますよね。では、一体どうすればよかったのでしょうか？

こんな場合には、獣医さんに診てもらいたいかどうかを聞くのではなく、状況を説明して理解してもらうようにしましょう。「私は、あなたの体の具合が心配なの。早く元気になって欲しいから、獣医さんに診てもらおうね」のように言えば納得してもらえると思いませんか？　獣医さんに診てもらうのをどう思うか、聞いてみるのもいいでしょう。そうすることで、お互いの考えを知ったうえで、一緒に結論を出すこともできますよね。

とにかく、動物たちとの信頼関係を築くためには「動物たちの選んだ答えは絶対に尊重しなければならない」ということを覚えておいてください。これはアニマル・コミュニケーションを行う際、倫理的に非常に重要なポイントです。

動物たちとの会話と、人間同士の会話に違いはありません。動物たちが何か言ってきたら、「ＯＫ！」や「はい」、「ありがとう」、「わかったよ」だけでも構わないので、きちんと返事を返しましょう。何も返事をしないと、真剣に耳を傾けていないのだと思われて、動物たちも話す気がなくなってしまうかもしれません。

コミュニケーションが終わったら、「ありがとう」と「さようなら」を伝えるのも忘れずに！

動物たちの話の内容がわからない場合や、ちゃんと情報を受け取れなかった場合には、説明を求めたり、聞きなおしたりしてくださいね。私たち人間同士の会話でもよくありますよね。「今の話の意味がよくわからないから、ちょっと説明してくれる？」とか「もう一回言ってもらえる？」と聞き返すのは一向に構いません。ただ、何度もくり返すのは失礼です。もし２〜３回聞いてもわからないのであれば、その部分は無視して会話を続けましょう。

こちらから一方的に問いかけるだけではなく、動物たちにも自分の好きな話をさせてあげてくださいね。多くの人が動物たちに、自分の知りたいことを尋ねたり、重要（だと思っている）なことを伝えたりするのに一生懸命になりがちです。その気持ちはよくわかりますが、動物たちの視点に立つのも忘れないようにしてください。自分にとって重要なことや急を要することであっても、動物たちにとってはどうでもいいかもしれませんよね。

動物たちと話すことで、お互いへの理解を深めることができるだけでなく、自分自身や彼らの生活も豊かにできるんですよ！　動物たちとの絆や信頼関係を深めるために、ぜひアニマル・コミュニケーションを使ってください。

Lauren's Advice

01. ハート・スペースには、記憶のためのスペースがありません。動物たちから受け取った情報は全てノートに書き留めましょう。

02. コミュニケーションの内容を書くためのノート（練習帳）を用意しましょう。このノートは、自分の上達具合を確認するのにも役立ちますよ。

03. 動物たちに話しかけた時に、何も反応がなくても、相手の言いそうなことを想像すれば大丈夫です。リラックスしさえすれば、じきにテレパシーを使って送られてくる情報も受け取れるようになりますよ。

04. 動物たちとの会話と人間同士の会話には、多くの共通点（ルールやマナー）があります。動物たちには礼儀正しく接してください。

*3 ローレン・マッコール認定「公式レンシュウ帳」の販売や講座の情報については、「ローレン・マッコール アニマルコミュニケーション・アカデミー」ウェブサイトをご確認ください。

https://www.ac-academy.net/

Chapter 9

動物たちに質問してみよう

あなたは、動物たちにどんな質問をしたいと思っていますか？

まず、Chapter9では簡単なよくある質問と、実際に質問する時の注意点についてお話ししましょう。動物たちの健康や問題行動に関する話題については、次のChapter10で紹介します。

会話の流れを見極めよう

アニマル・コミュニケーションを行う際、まだ完全にテクニックを身につけていない場合は特に、動物たちに聞きたいことを書き出したリストを用意しておきましょう。前もって質問を用意しておけば、会話に集中し、望んだ通りの情報が得られますし、Chapter8でお話した通り、次の質問を考える間も頭の中へ戻らずにすみます。後でコミュニケーションの内容を確認する時にも役に立ってくれますよ。

練習では、5つの質問を用意しておけば様々な事を聞けますし、会話もはずむでしょう。あまり数が多いと、全部終えるまでに時間がかかってしまいますよね。その間ずっとハート・スペースに留まり続けるのは大変ですよ。

動物たちとの会話でも、人間同士の時と同じように会話上のマナーが大切です。呼んだ動物が自分のところへやってきたら、まずは自己紹介をします（118ページ《テクニック4》参照）。それが済んだら、用意した質問について動物たちに尋ねてみましょう。緊張しないように、まずは簡単なものから始めるといいですよ。その後もできる限り会話の流れに沿って質問することが大切です。

例えば、次のような場面を想像してみてください。

あなたは友達から、バルトという犬と話してほしいと言われ、次の５つの質問を渡されました。

① どうして子どもたちに向かって吠えるの？
② あなたはどんなおやつが好き？
③ あなたは幸せ？
④ 家族のことをどう思っている？
⑤ 何か言っておきたいことはある？

この5つの質問を渡された順番通りに質問する必要はありません。会話を始めてすぐに「どうして子どもたちに向かって吠えるの？」と聞くなんて、何だか唐突な感じがしますし、相手に対して失礼だと思いませんか？
「あなたは幸せ？」や「あなたはどんなおやつが好き？」など、答えやすい質問から始めて、お互いに気を許せるようになってから、なぜ子供たちに向かって吠えるのかといった、相手の心の奥に踏み込むような質問するとスムーズに行くでしょう。もし私がバルトと話すなら、次のような順番で質問するようにします。

❶ あなたはどんなおやつが好き？
❷ あなたは幸せ？
❸ 家族のことをどう思っている？
❹ どうして子どもたちに向かって吠えるの？
❺ 何か言っておきたいことはある？

必ずしもこの順番が正しいとは限りません。会話の流れによっては、❷よりも❸のほうが質問しやすいといったこともあると思います。
ただ、ここで大切なのは、お互いが平等な立場に立って会話をすることであって、順番通りに質問をすることでも、あらかじめ決められた話や質問をあなたが一方的に読み上げることでもないんですよ。
自分の家の動物と話す場合を除いて、コミュニケーション中は常に相手の動物の飼い主さんの立場から話をするようにしましょう。私が仕事でコミュニケーションを行う時は、次のように自己紹介しているんですよ。

「私はあなたの飼い主さんの代理なの。彼女があなたと話したがっているので、私はそれを手伝っているのよ」

そして、質問をする時は、その飼い主さんになったつもりで話しかけます。

例えば「あなたは幸せ？」と聞いて欲しいと頼まれたとしましょう。実際に会話をするなら、次のどちらのパターンがいいと思いますか？

パターン A

あなた：私は、あなたのママに頼まれたのよ。あなたが幸せかどうか聞いてほしいってね。あなたは幸せ？

動　物：ママに、ぼくは幸せだよって伝えてくれる。

パターン B

あなた：あなたは幸せ？

動　物：もちろん、幸せだよ！

答えはもちろん《B》ですよね。

あらかじめ、私たちコミュニケーターの役目が通訳のようなものだと説明しておけば、動物たちは私ではなく、直接自分の飼い主さんと話しているかのように振舞ってくれるんです。

なお、質問や答えの内容がわかりにくい場合には、それぞれ相手の言いたいことが理解できるように補足説明をすることも必要ですが、原則として受け取った情報に自分なりの解釈を加えたり、別の表現に言い変えたりしてはダメですよ。

会話の流れによっては、追加で質問したほうがいい場合や、逆に動物たちから答えを求められる場合など、自分の言葉で話さなければいけないこともあります。そこで私は、事前に飼い主さんから質問内容や動物について話を聞き、彼らの立場で話せるように備えているんですよ。

本音を引き出すための質問

私は、優秀なアニマル・コミュニケーターと、とても優秀なアニマル・コミュニケーターの違いは、**「動物たちの本心を聞き出すため、その場で追加の質問をできるかどうか」**だと思っています。私たち人間には当たり前でも、動物たちには理解しにくい物事や概念もありますから、一度の質問で、彼らがあなたの求める答えを出してくれるとは限りません。そんな時に、先ほどのような能力が求められるというわけです。

もう少し具体的な例で説明したいと思いますので、次の会話を読んでみてください。

※これ以降に出てくる会話の例は、全て自己紹介を終えたところから始まっています。

あなたは太田さんから、サクラちゃんという猫と話して欲しいと頼まれました。太田さんにとっては、サクラちゃんの幸せが一番大切で、彼女から渡された質問リストの中にも「あなたは幸せ？」という質問が入っています。

あなた：私たちみんな、あなたのことが大好きよ。今、あなたは幸せ？

サクラ：あんまり。わたし、へこんでるところなの。

あなた：あら、かわいそうに。でも、どうして？　何か私にできることはある？

サクラ：わたしはベッドを独り占めにしたいの。そして、窓の側にいたいだけ。

あなた：今ベッドが置いてある場所が嫌なの？　それともベッドが自分だけのものじゃないのが嫌なの？

サクラ：どっちも。お日様の光が窓から入ってくる時には、その近くにいたいし、誰かとベッドをシェアするのは嫌なの。自分だけのベッドじゃなきゃ。

あなた：そうね、ベッドの置き場所を変えられるか、考えてみるわ。ベッドをシェアしていることについても、詳しく話してくれる？

このように、会話の進め方次第で、一つの質問からどんどん話を掘り下げることができるんですよ。そして、何が問題なのか、どうしたらよいのかを見つけ出すこともできます。こういった会話の進め方は、健康や問題行動について話す時に役立つものなので、詳しくは次の Chapter 10 でお話ししたいと思います。

ここで、とても重要な話を一つしますので、よく覚えておいてください。

よその家の動物と話す時、飼い主さんの許可を得ずに、彼らの要求を受け入れてはいけません。

先ほどの会話を例にお話ししましょう。会話の中で、ベッドを動かして欲しいというサクラちゃんの要求に対して「考えてみるわ」と曖昧な返事をしていましたよね。なぜだかわかりますか？　もしかしたら窓から隙間風が入るとか、ベッドを置く台がないといった理由で、ベッドを移動できない可能性がありますよね。つまり、動物たちの望みをかなえられるかどうか、判断を下すのは彼らの飼い主さんでなければいけないということなんです。

動物たちが何かを頼んできた時には、「それについて後で考えてみます」、「他に方法がないか探してみます」、「後で調べてみます」といった返事をしましょう。そうすれば、「できる」「できない」はともかく、彼らの望みをこちらが理解しているということは伝えられますよね。

バックグラウンド（生い立ちや生活環境）を知っておこう

コミュニケーションを始める前に、動物たちの生い立ちや、現在の生活環境などのバックグラウンドをある程度つかんでいることも大切ですよ。

もう一度、サクラちゃんとの会話に戻りましょう。この会話では、サクラちゃんがベッドを独り占めにできない理由がわかりませんでした。でも、太田さんの家に新しい猫が来たこと、その猫がサクラちゃんのベッドで寝ていること、最近サクラちゃんに元気がないことなどを事前に知らされていたらどうでしょう。サクラちゃんが新しい猫の存在を嫌がっていることが、すぐにわかったとは思いませんか？

実を言うと、私はいつもコミュニケーションを始める前に、なぜその質問をしたいのか確認するため、クライアントに話を聞くようにしています。日常生活などについて聞くこともあるので、テレパシーの信憑性を疑う人も中にはいますが、そんな時には、動物たちから答えをもらうためには、情報を知っておく必要があるのだと説明するようにしています。

例えば「うちの子（猫）に、元気かどうか聞いて欲しい」と依頼されたとしましょう。普通なら、「元気だよ」という答えが得られたら、すぐ次の質問に移ってしまいますよね。でも、最近その猫の食欲が落ちているということが事前にわかっていたとしたら、どうでしょうか。「元気でよかったわ」と言った後で「それなら、どうして食欲がないの？」と聞くことができます。

ちょっとした痛みや、たいした事のない問題について、自分から進んで他人に打ち明ける人は、あまりいないですよね。それに、誰だって真実をごまかしたり、何かを省いて伝えたりすることがあるはずです。それは、動物たちにとっても同じだということを理解してあげてください。

一つ確かなのは、高尚な存在である魂は、決して嘘をつかないということです。

色々な選択肢を考えてみよう

動物たちに選択権を与える時には、あらかじめ、彼らがどんな答えを出してきても応えられるようにしておかなければいけません。コミュニケーションを取る動物の飼い主さんにも、この点を理解してもらうようにしてくださいね。では、実際にどういった質問がこれに当てはまるのか、例を見てみましょう。

選択肢を確認すべき質問の例　①

“今度、この家に新しい動物を迎えたいと思っているんだけど、構わない？”

もし、この質問に対して「嫌だ」という答えが返ってきたらどうしますか？　すでに、新たな動物を家に迎え入れようと決めている場合には、〝質問〟しても意味がありませんよね。そんな時には、新しい家族が来るという事実を〝説明〟してあげるようにしましょう。

選択肢を確認すべき質問の例　②

“私たち、今度の休みに旅行に出かけるの。それで、その時にあなたをおばさんのところに預けるつもりだけど、いいかしら？”

ご近所や親戚、獣医さんやホテルなどに預かってもらうのは嫌だという動物たちもいます。この手の質問をする場合には、あらかじめ、第2、第3の選択肢があるかどうか確認しておきましょう。もし選択肢が一つしかないのであれば、先ほどの例と同じように〝説明〟してあげてくださいね。

「旅行から帰ってきたら、あなたのことを迎えに行くから、そうしたら一緒に家に帰ろうね」などと、一言添えてあげるのも忘れずに！

選択肢を確認すべき質問の例　③
“今日は散歩に行かなくても平気？”

老犬や具合の悪い犬を別にして、この質問に「いいよ」と答える犬はまずいないでしょう。あなた自身が散歩に出かけたくないのであれば、そもそもこんな質問をしてはいけません。散歩の代わりに、他のことをしようと提案するほうがよっぽどいいと思います。「今日は家にいて一緒にゲームをしようよ！」のように誘ってあげてください。

選択肢を確認すべき質問の例　④
“美容院に行かない？”

動物の美容院に行くのを嫌がる動物はたくさんいます。もしどうしても連れて行きたいのであれば、その理由や、（できれば）それがどれだけ大切なことなのかを説明してあげましょう。「帰りに寄り道をして、おやつを食べようよ」といった提案もいいかもしれませんね。

選択肢を確認すべき質問の例　⑤
“馬術大会（ドッグ・ショー）に出たくない？”

他の馬と競い合うのを楽しんでいる馬はたくさんいますが、中には試合の雰囲気が好きではないとか、誰かを乗せて楽しく走るだけのほうがいいと言う馬もいます。

もし大会への出場を考えるのであれば、まず大会についてどう思うかを尋ねてみましょう。

そうすれば、馬自身の考えを聞いたうえで、あなたが最終的な決断を下すことになるので、馬も自分の意見を無視されたと思うことはないはずです。日本では馬を飼っている人は多くはないと思いますが、これは犬（ドッグ・ショー）についても同じことが言えるんですよ。

動物たちに「何かをしたいかどうか」「AとBではどちらが好きか」といった質問をし、選択権を与えるということは、彼らの権利を認めているという意思表示であり、とても喜ばしいことです。一方で、私たちには彼らの望みをかなえる義務が発生します。あなたの周りにいる飼い主さんたちにも、ぜひこの事実を理解してもらってくださいね。

さまざまな質問をしてみよう

ここからは、アニマル・コミュニケーション（もちろん練習にも）で役立つさまざまな質問の例を紹介したいと思います。質問は、大きく3つのパターンに分けられます。

パターン 1 ：日々の暮らしに関する質問

動物たちへの質問を考える時、大抵の人たちが思い浮かべるのが、この一つ目のパターンに該当するものです。日々の暮らしに関して尋ねる質問で、私もよく使っています。これらは、動物たちの心の奥に踏み込むようなものではなく、気楽に答えてもらえるので、動物たちと信頼関係を築くのにちょうどいいんですよ。もちろん、アニマル・コミュニケーションの練習にも最適です。

日々の暮らしに関する質問の例

「あなたは幸せかしら？」

「散歩に行くならどこが一番楽しい？」（これは犬用の質問です）

「どこでお昼寝するのが好き？」

「何をしている時が一番楽しい？」

「やりたくないと思うのはどんなこと？」

「何か変えてほしいことはある」

「何か欲しいもの、必要なものはある？」

「私や家族について、どう思っているのか聞かせて」

「食事について言いたいことはある？」

「好きなおやつは何か教えて」

「あなたは普段、何か仕事をしているの？　それはどんなこと？」

最後の「あなたは普段、何か仕事をしているの？　それはどんなこと？」という質問はちょっと変わっていますが、私のお気に入りの質問です。動物たちだって、私たち同様に〝世間から必要とされている〟ことを実感したいと思っていますし、生きるための目的を必要としているんです。実際、私がこれまでにこの質問をした動物たちのほとんどが「自分には仕事がある」と思っているか「仕事が欲しい」と言うかのどちらかでした。

動物たちの〝仕事〟の中には、私たちから見てそれとわかりやすいもの、そうでないものがあります。わかりやすい例としては、自分の仕事は家を守ることだと考えて、誰かが家に来ると玄関のドアに向かって吠える犬や、ネズミなどの害獣や害虫を駆除するのが自分の任務だと言う猫などがいます。

一方、「私の仕事はパパが帰ってきた時に、面白いしぐさをすることなの」と話す猫の仕事が何なのかわかりますか？　何でもパパはとてもストレスの溜まる大変な仕事をしているので、それを元気付けるのが仕事なんだそうです。また、動物保護施設から引き取られてきたウサギたちを温かく迎え入れてあげることが仕事だというウサギもいます。よその人や動物が家にきたら挨拶するのが自分の仕事だという犬にも、何度か会いましたし、歌で家族の生活に美しい彩りを添えるのが自分に与えられた役割だと話す鳥もいました。どれも興味深いものばかりですが、私たちの考える仕事とはかけ離れていますよね。

中には、私たち人間にとって望ましくない行動、いわゆる

〝問題行動〟を、自分の仕事だと考える動物たちもいます。家を訪ねてきた人に向かって吠えたり、飛びかかったりするというのが、典型的な例でしょう。問題行動への対処方法は、次のChapter 10で詳しくお話ししたいと思います。

今後あなたも、ぼんやりしたり、憂鬱そうだったり、元気がなくて退屈そうな動物に出会うことがあるでしょう。もしかすると、生きるための目標や目的を必要としているのかもしれません。こうした事態は動物本人にとっても飼い主さんにとっても、非常に重大な問題です。アニマル・コミュニケーションでは、こういった人生（以降、本書では、動物たちの生涯を表す際にも〝人生〟という表現を使用します）における重要な問題を話し合う場面もあるということを心の片隅に留めて、常に心の準備をしておくといいですよ。

ここで、日々の暮らしに関する質問を使った楽しい会話を見てみましょう。会話の相手は、とても頑固で、ゆかいなウサギのイチです。

イチ

わたし：あなたは今、幸せ？

イチ：　うん、毎日楽しいし、幸せだよ。ありがとう。

わたし：それを聞けてよかった。みんなあなたのこと大好きなのね。

イチ：　ぼくも家族のみんなのこと大好きだよ。

わたし：よかった！　それじゃあ、食事はどう？　何も問題ない？

イチ：　おいしいよ。でも、もっといろんな野菜が食べたいな。ペレットもいいんだけどね、本当は野菜とか果物が好きなんだ。

わたし：そうだったの？　それなら、どうしたらいいか考えなくちゃね。特に食べたい野菜はある？

イチ：　緑色の葉っぱが好きだな〜。あと、果物も。もっと果物が欲しいな！

わたし：了解。でも、果物を食べ過ぎると太っちゃうって知ってる？

イチ：　太ってたらいけないの？

わたし：う〜ん、そうね、太ってるのは健康的じゃないな。

イチ：　あのね、ぼくもう８歳なんだよ。人生は楽しまなきゃ。人生って楽しむものでしょ？　健康で長生きするのもいいけどさ。

わたし：でも、食事のバランスを考えるのも大事よ。ただ、果物の量を増やせるかどうか考えてみるわね。

イチ：　ぼく、バナナが大好きだよ！

わたし：わかったわ。他に必要なものとか、欲しいものはある？

イチ：　果物！

わたし：はいはい、わかってます。果物以外にはない？

イチ：　ええっと、もうないと思うよ。

わたし：OK。お話ししてくれて、ありがとう。私たちみんな、あなたのこと大好きよ。

イチ：　ぼくも。あと、果物のこと忘れないで！

わたし：もう、ちゃんとわかってるから。それじゃ、またね。

イチ：　じゃあね！

パターン２：理解を深めるための質問

日々の暮らしに関する質問はとても便利なのですが、動物たちそれぞれの性格や、彼らの望み、彼らの魂がこれまでに辿ってきた道まで、十分に知ることができるとは限りません。動物たちも私たち同様、見た目も中身も千差万別ですからね。

そんな時に、この理解を深めるための質問が役に立ってくれるんですよ。動物たちの魂と触れ合い、会話することで、彼らの生き方についても、知ることができます。動物たちのことをもっとよく知りたいという時に、ぜひ使ってみてください。

理解を深めるための質問の例

「今回の人生を送るのに、どうしてその姿を選んだの？」

「あなたが、今のあなたの家族（もしくは、私）と一緒に暮らしているのには理由があるの？」

「あなたは、今の人生で何を学んでいるの？」

「あなたは、今の人生で誰かに何かを教えるためにここにいるの？」

「過去世のどこかで、私たちは会ったことがあるかしら？」

「過去世で私たちにどんなことが起こったのか教えてもらえる？」

「この人生におけるあなたの生きがいや目的を教えて」

「あなたの望みや夢について教えて」

「あなたにとって大切なものは何？　どんな事について考えるのが好き？」

このような質問からは、動物たちの個性だけではなく、彼らの人生に対する考え方や人間について、世界について、そしてその他にも興味深いさまざまな事柄について知ることができます。動物たちとより深いレベルで理解し合えれば、彼らとの絆もより深まるはずですよ。

動物たちがどれほど賢いかを知って驚く人は多くいますし、私のクライアントの中にも、

「うちの子がこんなに頭がいいなんて、知らなかったわ！」

と話す人たちがいます。そんな時、私は「あなたもアニマル・コミュニケーションを学べば、動物たちが人間と同じように賢いということがわかるのよ」と教えてあげるんです。

動物たちは、生まれつき人間より博識で頭がいいわけではありませんが、彼らが私たちよりも洞察力に優れているのは確かでしょう。私たちが日々の仕事をこなすのに精一杯で、見落としがちな物事を、動物たちは実によく見ているんですよ。それは、次の理解を深めるための質問を使った、犬のシロとの会話からもわかると思います。

シロ

わたし：あなたが私と一緒に人生を送っているのはどうして？

シロ：君が困っている時に、助けてあげるためだよ。病気とか、人生で大きな変化がある時とか。ぼくはずっと君のそばにいるよ。それで、変化はいいことだって、君に教えてあげたいんだ。君はとっても素敵な人だよ。周りの人や動物たちにとって、君は贈り物なんだよ。

わたし：どうもありがとう。とっても嬉しいわ。あなたがいてくれて、私はとても幸せよ。私は〝愛〟についても、あなたから色々と教わっているの。

シロ：　よかった。愛ってすばらしい贈り物だよね。

わたし：そうね。確かにその通り。あなたは６年間セラピードッグとして、沢山の人たちと触れ合って彼らを喜ばせてあげてきたのよね。仕事は楽しかった？　あなたはセラピードッグになるために生まれてきたの？　この人生でのあなたの目的は何？

シロ：　セラピードッグの仕事、大好きだよ。みんなの役に立てるように、一人ひとりに合わせたやり方で愛とか愛情をあげられるように、ぼく、頑張ってるんだ。愛に種類はないけど、人も動物も一人ひとり違ったやり方で、違うタイミングで、愛が必要なんだ。触ってあげることもあれば、側で精神的な支えになってあげることもある。ポイントは、彼らが必要としているのは何で、いつ必要なのかを、感じ取ることなんだ。

わたし：本当にすごいのね。じゃあ今度は、私たちが過去世で会ったことがあるかどうか教えて。

シロ：　ああ、２～３回あるよ。どの人生でも、ぼくたち一緒に人間や動物を助けてあげる仕事をしてたんだよ。ぼくたちいいチームだったんだよ！

パターン３：自分の力を確かめる質問

アニマル・コミュニケーションを学ぶ際に難しいのは、動物がテレパシーで送ってきた情報と自分の頭の中で創り上げた情報を区別することだとお伝えしましたよね。はじめのうちは、どれも全て同じように思えるものです。フラワー・エクササイズやROEの練習を思い出してみてください。練習相手や動物の飼い主さんに、自分が受け取った情報を確認してもらったにも関わらず、その情報の出どころが自分（の想像力）だと思えたことがあったのではないでしょうか。だからこそ、面識のない動物たちとコミュニケーションを取って、自分の得た情報を検証することが大切なんです（この手の質問は情報を検証する時にドキドキするので、私は、〝Dokey-dokey Questions〟と呼んでいます）。

このパターンの質問をすると、受け取った答えの半分は合っていて、残りの半分は間違っているということが大半です。中には、答えが合っているかどうかを確認すると、自分の力量がわかってしまうので、この種類の質問をしたくないという人もいます。でも、自分のレベルを知らなければ、次のステップへの進み方も判断できませんよね。自分の力を確かめる質問はスキルアップのカギを握るとても大切なものなんですよ。

また、受け取った情報が本当に動物たちから送られてきたものかどうかを判断できない場合があります。飼い主さんたちが、自分の経験などをもとに話の真偽を確認（しようと）してくれたとしても、必ずしも正しく判断できるとは限りません。

例えば、ある馬に「好きなおやつは何？」と尋ねると「リンゴが好き」と答えが返ってきたとしましょう。そこであなたは、飼い主さんに「この馬はリンゴが好きなんですね」と確認します。ところが飼い主さんはこう答えます。

「この馬はあなたにリンゴが好きだといったの？　私は、この子が一番好きなのはニンジンだと思っていたわ」

実際、その馬はリンゴもニンジンも同じようによく食べるので、飼い主さんも本当はどちらが好きなのか、わからないかもしれません。これでは、自分の受け取った情報が正しいのかどうか確認のしようがないですよね。時にはこんなこともあるんですよ。

自分の力を確かめる質問の例

「どんな部屋で寝ているのか教えてくれる?」

「普段はどこで過ごしているの?」

「食べ物は何が好き?」

「嫌いな食べ物は何?」

「普段どんなお皿を使って食事しているの?」

「あなたのベッド（もしくは、首輪など）は何色?」

「一緒に暮らしている人は何人いるの?」

「一緒に暮らしている動物は何匹いるの?」

「一緒に暮らしている動物の種類は何?」

「昼間は、誰か家にいる?」

「自分のトイレはどこに置いてあるの?」（これは猫やウサギ用の質問です）

「普段どんな運動をしているの?」（これは犬や馬用の質問です）

一見、これらの質問に対する答えは一つしかないように思えますよね。でも、実際にはいくらか解釈の余地が残されているものもあるんですよ。

動物たちと私たち人間とでは、色の概念が異なっていて、動物の種類によっても、その概念は少しずつ違うということを知っていますか？　つまり、ベッドや首輪の色を尋ねるような質問に対する答えには、ある程度の解釈の余地があるのです。

動物たちに色を尋ねる場合には、色の濃さや明るさなどについても聞くようにしてください。ある犬に、「あなたのベッドは何色？」と尋ねたところ、犬はベッドを青だと言い、飼い主さんは緑だと言いました。ご存知のように犬たちは青と緑を識別できませんから、この時点で答えが100%間違っているとは言えません。では、明るい色なのか暗い色なのかを聞いてみましょう。今度は、その犬も飼い主さんも明るい色だと答えました。これは正しい情報、少なくとも一部は正しい情報を受け取ったことになると思いませんか？

色の概念の他にも、〝家族〟という時、動物たちの考える家族像と、私たちのそれとでは異なる場合があります。我が家のゴールデン・レトリバーのルパートにはマーフィーという兄弟がいました。マーフィーは別の家で暮らしていましたが、この２匹はお互いの家を行き来して、かなりの時間を一緒に過ごしていました。マーフィーのママと私は、友人同士であると同時にビジネスパートナーでもあり、私たち２人は彼ら共々よく顔を合わせていたんです。そんな具合ですから、ルパートにとっての〝家族〟とは、自分の家にいるメンバーと、マーフィーと彼の家に暮らすメンバーの両方を指すものだったんですよ。

これは決して珍しいことではありません。動物たちに家族の人数を聞いた時に、返ってきた答えと事実が一致しないのであれば、家族以外の人や動物たちと過ごすことが無いかどうか、確認してみてください。

次に、自分の力を確かめる質問を使った会話を見てみましょう。この会話の相手はミックという食いしん坊の猫です。

ミック

わたし：あなたの家は、何人家族なの？

ミック：そうだな、ちょっとむずかしい質問だなぁ。ここにはいつも２人の人が住んでいるんだ。でも、他にもしょっちゅう来て、またすぐに帰っていく人が２人いるよ。

わたし：そうなの。じゃあ、動物は何匹住んでいるの？　その動物の種類も教えて。

ミック：猫が２匹。あ、ぼくもいれてね。それから鳥が一羽いるよ。この鳥、おいしそうなんだ。でも、とてもいい子なの。だからぼくは彼女のこと食べたりしないよ。

わたし：それを聞いてホッとしたわ！　家族を食べちゃだめよね。ちなみに、彼女は何色の鳥？

ミック：明るい色だよ。たぶん黄色。彼女とってもやかましい時もあるんだよ。

わたし：そうね。鳥ってそういうものなのよ。迷惑しているの？

ミック：時々ね。彼女がピーピー鳴いてる時に、静かにしろって言ってやるんだ。

わたし：そうしたら、静かになる？

ミック：いつもとは限らないけどね。彼女、ぼくのことを笑って、もっとうるさく鳴く時もあるよ。そういう時だよ、ぼくが彼女のこと食べたくなっちゃうのは。

わたし：あら、そうなの。わかったわ。それじゃあ、あなたは夜どこで寝ているの？

ミック：あちこち移動することもあるよ。でも、ママのベッドの上が多いな。ぼくたち一緒に寝たりもするんだけど、ぼく、暑くなって離れちゃうんだ。

動物たちに質問してスキルアップしよう

以上、3つのパターンの質問については、しっかり理解してもらえたでしょうか。練習をする時には、この3種類の質問を組み合わせて聞くようにしてくださいね。それから、5つ質問をするとしたら、少なくともそのうち2つは自分の力を確かめる質問にしましょう。

動物の飼い主さんから質問のリストを渡されることもあると思います。その中に、全てのパターンの質問が入っていなければ、質問を1～2個変更してもいいか聞くようにしましょう。

自分の力を確かめる質問をすることに慣れてしまえば、これらがどれほど役立つのか理解してもらえると思います。それに、これらの質問をすることで、自分に自信が付きますし、周りの人たちに、あなたのスキルを信頼してもらいやすくなるはずですよ。

動物たちの話すスピードはかなり速いので、会話の内容は急いで書かなければいけないとお話ししたのを覚えていますか？　質問は、リストの順番通りに質問する必要はないという話もしましたよね。何が言いたいかというと、コミュニケーション中は話を理解したり書いたりするのに手一杯になるので、いちいちノートに質問内容を書くのは大変だということなんです。

では、どうすればいいかというと、あらかじめノートに質問を書き、そこに番号を付けておけばいいんです。簡単ですよね。動物たちに質問をする時は、その質問の番号をノートに書きます。後で確認する時には、質問リストのページを見て番号と照らし合わせればいいので、何も問題ありません。

私がこのアイデアを思いついたのは、まだ会話の練習を始めたばかりの頃でした。新たな質問に移るたびに、会話を中断して質問内容をノートに書くよりも、このやり方のほうがずっと簡単ですよね。

Lauren's Advice

01. コミュニケーション中は会話の流れが途切れないように、できるだけ普通に会話を進めましょう。そうすれば、あなたにとっても、動物たちにとっても、そのコミュニケーションが楽しい思い出になるはずです。

02. 動物たちの生い立ちや生活環境などのバックグラウンドを事前に調べましょう。その情報は、動物たちの本音を引き出したい時に役立ちますよ。

03. 質問を選ぶ時には、パターンの異なる質問を選びましょう。あなたにとっていい練習になりますし、そのほうが動物たちも飽きずに話をしてくれます。

04. 練習時は、必ず自分の力を確かめる質問を入れましょう！

05. よその家の動物たちと、できるだけたくさん練習してください。

Chapter 10

動物たちに健康について尋ねよう

「家族のことをどう思っているの？」「好きな食べものは何？」「何をするのが好き？」……。

アニマル・コミュニケーションで動物たちと交わす会話の内容は、人によって本当にさまざまです。動物たちの意見を聞くだけではなく、彼らの健康や行動上の問題を解決するのにも、アニマル・コミュニケーションはとても役に立ってくれます。

それに実を言うと、こういった問題については、私たち人間だけでなく、動物たち自身も関心を持っているんですよ。

動物たちの病気と健康について

私は、獣医師を目指して獣医学部を卒業したという動物には会ったことがありません。

ごめんなさい。ちょっと唐突でしたよね。つまり、自分で病気を診断して「わたしは〝すい酵素欠損症〟なの」のように、病名を教えてくれる動物はいないと言いたかったんです。

何年もの間、何千という動物たちと話をしてきた私も、病気を診断できる動物には一度も会ったことがありません。動物たちが自分の体を自分で診断して、どこが、どう悪いのかを解剖学用語で説明したり、薬の処方や治療法を指示したりするなんて、まずあり得ないですよね。

そうは言っても、アニマル・コミュニケーションを使えば、獣医さんや獣看護士さんなど、動物の健康管理に携わる人の役に立つ情報を得ることができるんですよ。

明らかに動物たちの様子がおかしいのに自分には何もできない、といった経験は誰もが少なからずしているはずです。例えば、何となく元気がなくて、大好きなおやつやおもちゃにも全く興味を示さないとか、それまで毎日やっていたことを、ある日突然やらなくなったなど、あなたにも思い当たる節があるのではないでしょうか。

そんな時には、まず彼らを動物病院へ連れて行き「よくわからないんですけど、うちの子、いつもと様子が違うんです」と言って、診てもらいますよね。かかりつけの獣医さんがアニマル・コミュニケーションのできる人（もちろん、できる獣医さんもいるんですよ！）でない限り、彼らは、飼い主であるあなたの話と、自分の知識や経験を照らし合わせながら診察することになるはずです。

どこが悪いのかを特定するために、あなたへの質問と合わせて、血液、尿、糞の検査を含めたさまざまな検査が行われます。こういった検査が悪いとは言いませんが、痛い場所やどんな具合かなどが少しでもわかっていれば、検査の種類や回数を減らすことができるのです。

現在では、アニマル・コミュニケーションが、動物たちの体を診察したり検査したりする時に役立つということが、広く認められてきています。そして、嬉しいことに、世界各地で活躍する、たくさんの獣医さんたちが、私のアニマル・コミュニケーター養成講座を受講してくれているのです。動物たちの話を聞いて、病気の原因や怪我の場所をより早く特定できるようになりたいと言って、皆とても熱心に勉強してくれています。

ではここで、〝わたし〟がウサギのモコの健康状態をチェックするという設定の会話を見てみましょう。

モコ

わたし：体調はどう？　痛いところやおかしなところがないか、全身をチェックしてもらえる？

モコ：　そう、痛いところがあるの。

わたし：どこが痛いのか、イメージを送ってみせてもらえる？　言葉で教えてくれてもいいわ。

モコ：　お腹のところなの。*4

わたし：どんな感じの痛みなの？

モコ：　キリキリ痛いの。でも、ずーっと痛いわけじゃない。

わたし：どんな時に痛いの？　痛みはどれくらい続く？

モコ：　いつもご飯を食べた後に痛みだして、しばらく続くの。

たったこれだけの会話でも、たくさんの情報が得られるんですよ。どんな情報が得られたか、まず自分で考えて整理してみてください。

できましたか？　では、一緒に確認してみましょう。

◎モコは痛みを抱えている
◎その痛みはお腹の辺りである
◎鋭い痛みである
◎食事と関係のある痛みである
◎少なくとも２〜３分以上は続く痛みである

以上がモコとの会話から得られる情報です。こういった情報があれば、獣医さんもどこから診察したらいいのか決めやすいんですよ（もちろん、アニマル・コミュニケーションで情報を得たことを獣医さんに伝える必要はありません）。

ここで、注意してほしいのは、動物たちを診察するという行為ができるのは、あくまでも獣医師でなければいけないということです。

例えば、動物たちが痛みや不快感を訴えた時、獣医師免許のない人がアニマル・コミュニケーションを使って異常のある場所や原因を特定することは可能でしょう。しかし、獣医師免許がない限り、どんな診断も下してはいけません。勝手に診断することで、アニマル・コミュニケーションのイメージや信憑性を損なってしまうことだってあるんですよ。

実際に私は、獣医さんたちから相談を受けて、一緒に仕事をすることがあります。でも、お互い（の仕事の内容）を尊重し、相手を信頼し、それぞれ自分の仕事の限界をきちんとわきまえるように気をつけています。

健康に関する問題のバックグラウンド

動物たちの身体の具合を調べる時は、なんだか自分が刑事や探偵になった気がします。問題点を調査するために、動物たちにさまざまな質問をするわけですが、状況に応じて推理し、質問を考え、より詳しい状況を聞きださなければなりません。そこで、ここでもまた動物たちのバックグラウンドが役に立ってくれます。

Chapter9でも話した通り、用意された質問の意図や飼い主さんの気がかりな点を理解するため、動物と会話をする前に、ある程度その動物についての情報を得ておくことが大切です。今後、あなたも「うちの動物の具合が悪そうなので、おかしいところを調べて欲しい」と頼まれることがあるかもしれません。その時にはここで紹介する質問を思い出して、まず飼い主さんの話を聞いてくださいね。

「この状態はどれくらい続いているのですか？」

動物たちの状態が慢性的なものか、短期的なものかを確認しましょう。

「何か原因になりそうな出来事はありましたか？」

最近の食事、ライフスタイル、生活環境、運動量の変化などを教えてもらってください。

「あなたは、何が問題だと思いますか？」

動物たちのことを一番よく知っているのは飼い主さんです。彼らの考えも聞いてみましょう。

「獣医さんには診てもらいましたか？　何と診断されましたか？」

「何か薬を処方されていますか？　何らかの治療を受けていますか？」

「これまでに何かやってみたことはありますか？　結果はどうでしたか？」

すでに獣医さんに診てもらい、治療を受けていることも考えられます。また、怪我をしたところを温める／冷やす、ベッドを新しいものに変える、トイレの砂を違う種類に変える、食事を変える、ゆっくり休ませてあげるなど、飼い主さん自身が工夫をしていることもあるでしょう。これまでに何を試したのかと、その結果も確認してください。

飼い主さんと話して状況がだいたい把握できたら、実際に動物と話をしてみましょう。動物たちと健康に関する話をする時には、次のような質問をするといいですよ。

健康について確認する質問の例　①

“あなたの身体のどこかで、痛いところやおかしなところがないか調べてみてもらえる？”

「気分はどう？」ではなく、このように聞けば、動物たちも「どこが、どんな状況になっているのか」を詳しく話してくれるんですよ。

健康について確認する質問の例　②

“どんな感じの痛みなの？”

動物たちも人間と同じように「きりきりする」、「じわじわ痛みが広がる感じ」、「ずきずきする」、「ずっと続いている」、「痛くなったり、治まったりする」といった表現を使っているんですよ。

健康について確認する質問の例　③

“痛みはどれくらい続いているの？”

動物たちの時間の感覚は、私たちとあまり変わりませんが、正確に何分とか何時間という答えをもらうことはまずないでしょう。「1～2日くらい続いている」や「朝ご飯を食べるまで痛みが続く」といった言い方をしたり「ほんのちょっとの間」、「しばらく」、「短い間」、「長い間」などと、曖昧な表現を使ったりするはずです。

健康について確認する質問の例　④

“あなたはいつ（どれくらいの頻度で）痛み／吐き気／だるさを感じているの？”

こういった質問であれば、事実をそのまま答えてくれます。

健康について確認する質問の例　⑤

“どこが痛いのか教えてくれる？”

この質問の返事は、あなた自身のテレパシーのスタイルによって、受け取り方が異なるはずです。動物たちが痛いと感じている部分が〝見える〟人もいれば、言葉で〝聞く〟人もいます。動物たちが痛いと感じている場所を自分の身体で〝感じる〟人もいるでしょう。

身体で感じるといっても、あなたが実際に動物と同じ病に〝かかって〟いるわけではありません。あなたが感じた感覚はすぐに消えますよ。

健康について確認する質問の例　⑥

“何か私（たち）にできることはある？”

身体の調子が悪い時に、どうしたらいいか、自分でわかることがありますよね。動物たちも、痛い部分を温めて欲しい、冷やして欲しい、その部分を休ませたい、散歩を短くしたいと、希望を言ってくれるはずです。胃腸の具合が悪い時などは、食事を変えてほしいと言うかもしれません。

ただし、すでにお伝えしたように、動物たちは診断も治療もできませんから、「非ステロイド系の抗炎症薬を10日分欲しい」なんてことを言われる心配はしなくていいでしょう。

健康について確認する質問の例　⑦

“朝と夜なら、どちらのほうが具合がいい？”

1日の中でも活発に動く時間帯と動かない時間帯がありま

すが、それによって具合の良し悪しが変わることもあるんですよ。

健康について確認する質問の例　⑧

“食事の前と後では、どちらのほうが具合がいい？”

時には食事の前後で具合が変わることもあります。この質問から、消化器官、血糖値、腸の機能、またはその他の主要な機能に問題を見つけられるかもしれません。

治療の効果を後押しする方法

すでに治療を受けているのであれば、その効果を聞いてみましょう。ただし、複数の治療を同時に受けている場合には注意してくださいね。それぞれの**治療の種類を動物自身が区別できなければ、意味がない**ですよね。

一度に何種類もの薬を飲んだり、さまざまな治療法を試したりしている場合に、どの薬、どの治療が、どんな効果を及ぼしているのかなんて、私たち人間にだって説明できないでしょう。

そこで、複数の薬や治療の効果を比べたい時には、一種類ずつ薬や治療をためし、次のような質問をして確かめるといいですよ。

「これまで試した方法で、楽になったものはあった？」

そうすれば「冷やすよりも、温めるほうが効いたみたい」とか「鍼治療よりも、白い粒を食べた時のほうが楽になったよ」と具体的に教えてもらえるでしょう。
飼い主さんが特定の治療について、手応えを知りたがっているのであれば、どんな治療を試しているのかを教えてもらいましょう。何も知らずにコミュニケーションを取っても、相手がその治療について話題に出してくれなければ、質問のしようがありません。

次に、マコという関節炎にかかった猫との会話を見てください。いくつかの治療を試し、それぞれの効果についてアニマル・コミュニケーションで聞く場面が、イメージできると思いますよ。
マコの飼い主の相良さんは、マコの関節炎に対してホリスティックケアとアロパシー（対症療法）を組み合わせた治療を行なってきました。そして、私は効果が一番あった治療はどれか、マコに確認して欲しいと依頼されたのです。
それぞれの治療は、一定期間ずつ個別に行われてきたので、相良さんによると、マコにもそれぞれの治療の区別がつくはずだそうです。
相良さんがマコに行った治療は次の4種類です。

①ホメオパシー（代替療法）

②漢方薬

③鍼治療

④アロパシー（抗炎症薬の錠剤）

※これらはあくまでも例であって、普段から私がこの治療を好んで行なっているというわけではありません。

基本的に、動物たちは治療法の名前を知りません（もっとも、何度も治療を繰り返すうちに、名前を覚えている可能性はありますが）。そこで、「ホメオパシーの効き目はどう？」ではなく、ホメオパシーの治療で使う小さな錠剤のイメージを相手に送りながら、次のように尋ねてみましょう。

マコ

わたし：前に白くて小さい粒をあげたでしょう。あれに効き目はあった？　あの粒を食べた後は楽になった？

マコ：　ううん。前と同じで痛かった。

わたし：残念ね。じゃあ、ちょっとにおいのするハーブを食事に入れておいた時はどうだった？

マコ：　効いていたかも。でもわたし、あの味大っ嫌い！　だから、ハーブが混ざった部分は食べないようにしてたの。知ってたでしょ？

わたし：そうね、私もあなたに食べてもらえないんじゃないかって、考えていたの。動物病院で鍼を使って治療してもらった時はどうだった？

マコ：　あれは気持ちよかった。随分よくなった気がしたよ。

わたし：よかったじゃない！　それを聞けて嬉しいわ。

マコ：　でも、何度も車に乗るのは気分的に疲れちゃう。だから病院には行きたくないの。

わたし：わかるわ。確かに車に乗っているのは疲れちゃうわね。じゃあ、鍼で治療した後、どれくらいの間は楽だったの？　次に病院に行く前に、また痛くなったの？

マコ：　そうそう。調子がいいのは１日くらいかな。

わたし：わかったわ。それじゃあ、ここ数日間、食事の中に小さなお薬を入れておいたんだけど、気分はどう？

マコ：　ああ、なんで調子がいいのかなって思ってたの。食事の中の薬なんて気付かなかったけど、本当に調子はよくなったと思う。

治療が効いたかどうか以外で、もう一つとても重要なポイントがこの会話には含まれているのですが、それがどこだかわかりますか？　マコの答えに対して、私がより詳しい説明を求めている部分です。わからないという場合には、もう一度読み返してみてください。

さて、もうわかりましたね。この会話の重要なポイントは、

「鍼で治療した後、どれくらいの間は楽だったの？　次に病院に行く前に、また痛くなったの？」

という部分なんですよ。

普通なら、鍼治療が効いたことがわかった時点で、「このまま鍼治療を続けよう」という結論に至ってしまいますよね。でも、この質問をすることで、鍼の効果がすぐ切れてしまうこともわかりました。それに、マコ自身、車で移動したり、動物病院で過ごしたりすると疲れるとも言っています。

さらに、家から動物病院までは片道一時間の道のりで、治療費も決して安くはありません。これら全てを考慮して、最終的に、相良さんと獣医さんは、鍼治療を止めて抗炎症薬を飲ませるのが一番いいという結論にたどり着くことができたんですよ。

LAUREN'S COMMUNICATION 1

ここで、私が実際に行ったコミュニケーションを見てください。ボールを追いかけて遊んでいて、脚に怪我をしてしまった犬のアビー。私は彼女の飼い主のキムから依頼を受けて、怪我の具合について尋ねることになりました。

※私が実際に行なったコミュニケーションをより身近に感じてもらえるよう、Lauren's Communication では日本語と英語の両方を載せています。

Abby / アビー

アビー：ママがとても悲しんでるの。

わたし：そうね。ママはあなたの脚のことで気落ちして、悲しんでいるわ。

アビー：そうなの。そんなのイヤだよ！

わたし：怪我について、私に教えてもらえる？　怪我をした時、どんな感じだった？

アビー：う～ん、焼けるような感じで痛かった。

わたし：そうなのね。それって、引き裂かれたみたいな感じかしら？

アビー：そうそう、そんな感じ。

わたし：今でも痛い？　ずっと痛いままなの？

アビー：そう、よくなったり、悪くなったりはするけど、ずっと痛いの。

わたし：今続いている痛みはどんな感じなの？

アビー：焼けるような感じじゃなくなって、もっとヒリヒリする。

わたし：ここ何日か、お薬をあげていたでしょう。効いていると思う？

アビー：ちょっとはね。

わたし：アビー、怪我した脚を休ませなきゃいけないのはわかるわよね。だから長時間の散歩に連れていくこともできないの。本当に残念だわ、ごめんなさい。

アビー：本当、最悪なのってそこなの。すごくつまんないの。
（メモ：アビー自身も散歩に行けない理由を理解し、事実を受け入れている様子）

わたし：散歩を我慢することも、脚を早く直すのに必要な治療の一つだと思わないとね。

アビー：それも大事なんだよね。わたしだってずっと痛いのは嫌だもん。

わたし：確かにそうね。どうしたら痛みを和らげてあげられるかしら。

アビー：うーん、よくわかんない。

わたし：わかったわ。じゃあ、これから２～３日は獣医さんに診てもらって、どうなるか様子を見てみましょう。そうしたら、あなたに何をしてあげればいいのかわかるでしょう。気長に回復を待たなきゃね。

アビー：うん。それでいいよ。

わたし：わかってもらえてよかったわ。

アビー：本当は嫌だけど、なるようにしかならないもん。

わたし：その通り。私も今までと同じようにできる限りのことをするわ。

アビー：わたしたち２人ともね。

わたし　私、あなたのことが大好きよ！

アビー：わたしもあなたのこと大好き。ずっと大好きよ。わたしたち、お互いのためにいるんだから。

わたし：わかってるわ。それじゃあ、またね。

アビー：じゃあね！

Abby

Abby: My mom is really sad.

Lauren: I know, she's frustrated and sad about your leg.

Abby: Yes, it's awful.

Lauren: Tell me about the injury, what did it feel like when it happened?

Abby: Well, it was a burning pain.

Lauren: I see. Like a tear or something like that?

Abby: Yes, something like that.

Lauren: Does it hurt all of the time?

Abby: Yes. It gets better or worse, but it's there all of the time.

Lauren: What does the pain feel like?

Abby: Not burning any more. It's more just really sore.

Lauren: We have been giving you pills for several days, do they help?

Abby: A little.

Lauren: Abby, I hope you understand that you need to rest your leg. That's why I can't take you out for a long walk right now. That makes me sad, I'm so sorry.

Abby: Yes, it's the worst part. I don't like it at all.
(Note from Lauren: But she did sound as though she understood and accepted the reason.)

Lauren: It may be part of a series of things we have to do to get your leg better.

Abby: That's important, I don't want to have this pain forever.

Lauren: Exactly. What can I do to make this easier for you?

Abby: Um, I don't know really.

Lauren: OK, well we'll know more about exactly what's going on in a couple of days when we go to the vet. Then it will be clearer what we need to do for you. We are all going to have to be patient.

Abby: OK, that's fine.

Lauren: You seem to be taking this well.

Abby: I don't like it, but we need to go with the flow.

Lauren: Right. Well I'll certainly do my best, as always.

Abby: We both will.

Lauren: I love you very much.

Abby: I love you too. Always. We are here for each other.

Lauren: Yes, we are. Good-bye.

Abby: Good-bye.

このように私は、アビーとの会話を通じて怪我の具合だけでなく心や感情の状態を確かめることができました。それにこの会話は、キムのアビーに対する愛や、彼女が治療中もずっとそばにいる事を伝える素晴らしい機会にもなったんですよ。

Lauren's Advice

01. 健康に関わる問題の原因を知るためには、一つの質問で終わらせず、相手の答えに合わせて追加で質問することが大切です。

02. アニマル・コミュニケーションは獣医師の診察に代わるものではありません。ただし、獣医師が診断を下す際に役立つ情報を得ることは可能です。

03. 獣医師でない限り、動物たちの健康状態に診断を下してはいけません。それは、倫理に反する行為です。

＊4 「お腹が痛い」の〝お腹〟とは、腹部全体のことだと解釈して構いません。動物たちも私たち人間同様に、腸や胃といった内臓のある辺りで痛みがある時には〝お腹〟が痛いと言います。特定の場所を指して「私、下行結腸が痛いの」と訴えることはまずありません。
動物たちがお腹の調子が悪い　痛いという時には、胃を指していることも考えられますし、お腹の辺りのどこか別の部分を指しているという可能性もあります。

Chapter 11

動物たちに問題行動について尋ねよう

動物たちの行動には、必ず理由があります。まずは、それをきちんと理解しなければいけません。相手の考えや気持ちを確かめもせずに注意したところで、聞き入れてもらえないのは、動物が相手でも人間が相手でも同じなんですよ。動物たちにも自由意志があり、彼らの行動には何らかの意味があるということを忘れないでください！

動物たちに問題行動を改めてもらうためには、彼らと話し合い、お互いの言い分を出し合って、時には駆け引きをしたり、どちらかが妥協したりする必要もあるでしょう。そんな時こそアニマル・コミュニケーションの出番ですよ。

まず動物たちに、あなたの考えや、なぜ行動を改めて欲しいのかを説明して、理解してもらってください。それと同時にあなた自身も、なぜその行動をとる必要があるのかを動物たちに尋ね、彼らの言い分を聞いてあげなければいけません。

私たち人間同士で、問題を解決する時のことをイメージしてみてください。理想的なのは――**まずはじめに、お互いに自分の考えや望みを伝え合い、問題をハッキリさせる。次に、最終的な目標を確認し、それぞれが妥協できる点を探す。そして、話し合ったことを実行に移す**――という形ではないでしょうか。動物たちと話をする時も、同じなんですよ。

習慣を変えるのは簡単ではありません

とある行動を習慣に、習慣を癖にするのは簡単ですが、それを止めるのはとても大変です。あなたにも、タバコや爪を噛む癖、チョコレートの食べ過ぎなどを止めようとしたことがありませんか？

無意識の行動を改めるのはかなり大変です。事実、何度も繰り返し行うことで〝習慣〟という神経経路が生まれ、特定の状況になると本人の意志とは関係なく行動してしまいます。繰り返しハート・スペースへ行くことで、あなたの中に神経経路が生まれるのと同じように、絶えず他の犬や子どもに向かって吠えている犬や、決められたトイレ以外の場所で用を足す猫やウサギの中にも、神経経路ができあがっているんです。身についてしまった習慣を完全に改めるまでには時間もかかってしまいますし、無意識に癖が出ないよう、誰かに見ていてもらう必要もあるでしょう。そして、何より大切なのは、その癖を改めたいと、常に自分で意識することです。

ただ、動物たちの場合、彼ら自身が問題行動を改めたいと思ったとしても、時間をかけて訓練しなければ直らないということもあるんですよ。ここで、次の会話を見てください。ミニチュア・ダックスフントのシロには、子供に向かって吠えるという習慣があります。この会話は、彼の問題行動を改める方法を探る内容です。

シロ

わたし：シロ、私はあなたのことが大好きよ。だけど、あなたがお隣の子供たちに向かって吠えるので困っているの。子供たちは、あなたのことを怖がっているのよ。どうしてそんなことをするの？

シロ：ぼく、子供たちが怖いんだ。でも子供たちに向かって吠えていれば、ぼくから離れていてくれるでしょ。

わたし：どうして子供たちが怖いの？

シロ：前にね、ちっちゃい子たちがぼくに走り寄ってきたことがあるんだ。その子たち、ぼくをゴシゴシしたんだよ。ぼくが小さいってこと気にしてくれないし、ぼくが怪我しちゃうかもしれないでしょ。

わたし：まぁ、わかったわ。そうよね、それじゃ怖いと思うわよね。でも、私たちでこの問題を解決できる方法が、何かあると思うの。あのね、隣のご夫婦と私は、あなたが子供たちを怖がらせると、彼らがどの犬もみんな怖いと思い込むんじゃないかしらって、心配しているの。あの子たちにはどんな犬とでも仲よくしてほしいし、優しく接するやり方も知ってほしいのよ。

シロ：そうだよ。それは大事なことだね。

わたし：あなたは、あの子たちに犬に優しく接する方法を、教えたいと思わない？

シロ：それいいアイデアだね。でも、もしあの子たちがぼくの方に走り寄ってきたら、ぼく、きっと吠えちゃうんじゃないかって心配だよ。

わたし：子供たちを一人ずつ、ゆっくりあなたのところに連れて行くようにしたらどう？　あなたのところに行く時は、彼らのママに手をつないでいてもらうの。

シロ：いいよ。それやってみよう。

わたし：もし怖くなったら、私の後ろに隠れてね。吠えちゃダメよ。あなたがいいと思うまで、子供たちにはその場所で待っていてもらうから。あなたの所まで来たら、きっと子供たちは特別に、あなたにおいしいおやつをくれるわよ。

シロ：　じゃあ、やってみるよ。でも、まだちょっと不安だな。

わたし：そうよね。随分長い間、子供たちのことが怖かったんだものね。恐怖心は少しずつ取り除いていきましょう。それには、楽しい経験も大切だと思うわ。

シロ：　わかってくれて、ありがとう！　ぼくも精いっぱいやるよ。ぼくのこと守ってくれるって、信じてるからね。

こうして、なぜシロが子供たちに向かって吠えるのかがわかり、解決策も見つけることができました。あとは、シロの気持ちを尊重しつつ、時間をかけて彼の子供たちに対する恐怖心を取り除いていくだけです。恐怖心を取り除くというのは、問題行動の解決とは少し違うかもしれませんが、いずれにしても、問題行動の解決にはまず、動物たちがその行動をとる理由を知ることが大切だと、わかってもらえましたよね。

問題行動を直すための方法とは？

動物たちの身体に染み付いた習慣や癖は、アニマル・コミュニケーションとそれぞれの行動に合わせた行動修正法やポジティブトレーニング*5を組み合わせることで、効果的に改められるんですよ。私はこのような時、Tタッチ（70ページ参照）を組み合わせています。

習慣や癖とは、いつも同じ神経回路を使って、同じ行動を

繰り返すことを指しています。でも、Tタッチを行なって、それまで使われてこなかった神経に働きかければ、その行動に対する感じ方を変えられるんですよ。つまり、それまで無意識にやってきたことが、意識しなければできなくなるというわけです。

私はいつも、Tタッチを使って問題行動を改めることを、コンピューター用語に置き換えて、次のように説明しています。

「Tタッチは、パソコンのハードディスクをフォーマット（初期化）するようなものです。古いソフトウェア（問題行動）を消去して、自分の思い通りに働くソフトウェア（新たな行動）をインストールするのと変わりません」

問題行動に対処する時には、アニマル・コミュニケーションを使って動物たちの意識を変えるのと同時に、無意識の部分や身体の細胞・神経へ働きかけることも効果的なんですよ。

Tタッチ以外に、アニマル・コミュニケーションとポジティブトレーニングの組み合わせもお勧めです。動物たちに行動に問題があることを意識してもらい、「変わらなくちゃ」

とか「変わりたい」という気持ちを持たせてから、ポジティブトレーニングを行います。そうすれば、問題行動を止めさせやすくなるんですよ。

動物たちとは、愛情に満ちた、お互い尊敬し合える関係を維持してくださいね。そのためには、ポジティブトレーニング、もしくは動物たちに優しく接するような行動修正法だけを使うことが大切です。

首輪を引っ張る、叩く、怒鳴りつける。こういった強制的な訓練は、効果があるように見えるものの、動物たちとの絆に悪い影響を与えることになってしまいます。相手が誰であれ、恐怖心の上に良好な関係は成り立たないですよね。

行動に関する質問をしてみよう

何度も言うようですが、動物たちがなぜ問題行動をとるのか、なぜこちらが思う通りに動いてくれないのか、その理由を確認することはとても重要です。行動に関する質問のバリエーションはあまり多くありませんが、ここでいくつか例を紹介したいと思います。

「どうして、○○○をするの？」

「どうして、○○○をしてくれないの？」

「あなたが○○○をしたせいで私は困っているんだけど、どうしてだかわかる？」

「あなたに○○○を止めてもらうために、私にできることは何かある？」

「あなたは○○○を止めたいと思っているの？」

よく動物たちは、自分の行いが人間にとって都合が悪いとは思わなかったと言います。逆に、ウサギは椅子やソファの上で用を足すことを問題だと思っていないと聞かされて、驚く飼い主さんもたくさんいます。もっとも、ウサギたちにしてみれば、自分のテリトリーをマーキングしているだけで、悪気はないんですよ。

馬の中にも、人間に近寄り過ぎること、体を押し付けることがなぜいけないのか、理解していないものがいます。彼らにとって、自分たちが人間と比べてかなり大きく、強いということは問題ではありませんし、馬を怖がる人がいるとは夢にも思っていないんです。

そんな動物たちには、ぜひ「あなたが○○○をしたせいで私は困っているんだけど、どうしてだかわかる？」という質問をしてみてください。

動物たちが問題行動をやめる手助けをしよう

動物たちの行動には何らかの意味があるとお話しました。飼い主さんの中には、「うちの子があんな事をしたのは、ソファで寝かせてもらえなくて怒っているからですね！」のように言う人もいますが、私はその都度、そっと指摘するんです。「動物たちは、私たちを困らせたくて行動しているのではありません」と。動物たちは現在（いま）を生きているのであって、将来のことや「どうやって彼女を困らせよう」といった抽象的な概念について常に考えているのではありません。大抵は、状況に応じて行動しているだけです。そこで問題行動を解決するカギとなるのが、「どうしてそんなことをするの？」という質問です。

動物たちが自分たちの行動をどう捉えているのかがわかったら、次は、どうしたら行動を変えられるのかを尋ねてみましょう。何か解決策を提案してくれるかもしれません。もちろん、何もないこともありますが、私たち人間だっていつも解決策があるわけではありませんよね。特に、恐怖心から生まれた行動に対する解決策は、見つけにくいものです。
「どうしたら爪を噛む癖を直せると思う？」という質問に対しては、良案を思いつくかもしれませんが、「空を飛ぶのが怖いんです。どうしたら克服できますか？」と聞かれたところで、すぐには解決策が出てこないと思いませんか？　先程ご紹介したシロとの会話は、恐怖心が起因となった行動を変える、良い例となっていますよ。
問題行動を変えようとする時、――例えば「何頭もの犬と一度に会うと圧倒されちゃうから、一頭ずつ紹介してほしいな」のように――動物たちの提案の多くはとても実用的です。快適な寝場所を２匹で取り合っているような場合には、――

一方はソファの上、もう一方はあなたの膝の上、もしくは通りに面した窓際の椅子など、大事な場所をそれぞれに分け与える必要があるでしょう——長期間に渡る対応が求められれます。人と動物の間だけでなく、動物同士で交渉が必要なこともあります。

私たちが、出会ったすべての人を好きになれないのと同じく、動物たちもみんながお互いを好きなわけではありません。ただし、性格の不一致を解消することはできなくても、〝うまくやっていく〟ことは可能ですよね。

LAUREN'S COMMUNICATION 2

それでは今度は、テリアのマルとのコミュニケーションを見てください。小林さんはいつも、マルをトリミングサロンへ連れて行き、入浴とグルーミングをしてもらっています。ところが、トリマーさんがマルの鼻の周りのひげを切ろうとすると、彼女に噛みつこうとするので困っていたんです。

※私が実際に行なったコミュニケーションをより身近に感じてもらえるよう、Lauren's Communication では日本語と英語の両方を載せています。

Maru / マル

わたし：トリマーさんのところに行くのをどう思う？

マル：　嫌いだよ。

わたし：どうして？　トリマーさんは優しくしてくれるでしょう？

マル：　あの人、いい人だと思うよ。だけど痛いもん。

わたし：何が痛いの？

マル：　顔の周りのひげを引っ張るのが痛いんだ。身体をくねらせて逃げようとしても、彼女がぼくのことギュッと押さえるんだよ。それが怖いんだ。

わたし：まぁ、かわいそうに。私はあなたに、トリマーさんのところへ行って、いい思いをしてもらいたいだけなのよ。それに、人を噛んだり、噛むふりをするのは、ダメだって知ってるでしょ？

マル：　どうしようもなかったんだもん。彼女、ぼくのことを押さえつけたんだよ！　でもぼくは噛むつもりはなかったんだ。怖がらせるために真似しただけ。

わたし：わかったわ。効き目はあったの？　でも、絶対に噛んじゃだめよ。

マル：　じゃあ、もうあんな風に痛くしないで欲しいな。どうしてぼくは顔じゅうの毛を引っ張られなきゃいけないの？

わたし：ごめんなさい。あなたがそんなに痛い思いをしていたなんて、知らなかったの。普通はそれがテリア流のファッションなのよ。

マル：　ファッションのために痛くするの？　そんなの意味がわからないよ。

わたし：じゃあ、顔の周りは別として、その他の部分を切ってもらうのは問題ない？

マル：　うん。他のところはＯＫだよ。

わたし：それじゃあ、顔の周りを痛くしないで切ってもらうために、トリマーさんか私にできることは何かある？

マル：　引っ張らないでほしい！　切るのはいいよ。引っ張るのはだめ。

わたし　わかったわ。あなたは、この話はあまりしたくなかったと思うけど、付き合ってくれてありがとう。

マル：　トリマーさんに、もうぼくを押さえつけないでって伝えてね。

怖いから。

わたし：そうね。あなたが逃げようとするのは、すごく怖いとか、痛い思いをしているということだから、その時点でトリマーさんはお仕事をストップしなきゃいけないということね。彼女と後で話し合ってみるわ。彼女はあなたのことが大好きなのよ。それに、あなたが長い間じっとしているのが大変だと思って、早く終わらせようとしてくれているんじゃないかしら。だから、あなたを押さえているんだと思うわ。

マル：　ああ。でも、それを受け入れる必要があるとは、ぼくには思えないな。

わたし：あなたに、トリマーさんのところへ行くのはいい経験だと思ってもらえるように、私にできることがあれば何でもするわ。それでいい？

マル：　うん。ありがとう。

Maru

Lauren: How do you feel about going to the trimmer?

Maru: I don't like it.

Lauren: Why is that? Is the trimmer kind to you?

Maru: I think she is a nice person, but it hurts.

Lauren: What hurts?

Maru: Pulling the whiskers around my face hurts. When I wiggle away, she tries to hold me tight and that scares me.

Lauren: I'm sorry. We want to have this be a positive experience for you. But I have to tell you that biting or trying to bite someone is not acceptable.

Maru: I had no choice, she kept holding me tight. I wouldn't have bitten her, I snapped in the air to scare her.

Lauren: I see. It worked, but you must never bite.

Maru: And you shouldn't make me suffer such pain. Why do I have to have my hair pulled on my face?

Lauren: I really didn't realize it was so painful for you, I'm sorry. It is just part of the terrier style.

Maru: Pain for fashion. This makes no sense to me.

Lauren: Aside from the work on your face, is the rest of the trimming experience OK for you?

Maru: Yes, the rest of it is OK.

Lauren: Is there anything that a trimmer or I can do to make work around the face easier?

Maru: No pulling! Trimming I will accept. No pulling.

Lauren: I understand, thank you for being so willing to work with me on this.

Maru: Please also tell the trimmer never to hold me tight. It's scary.

Lauren: Yes, if something is so frightening or painful for you that you are trying to wiggle away, then the trimmer should stop. I will discuss this with her in detail. She likes you very much and I think wanted to hold you just so that she could do what she needed to do quickly and get it over with.

Maru: Oh. Well it didn't feel like that I must admit.

Lauren: I will do everything I can to ensure that the trimming experience is a positive one for you, OK?

Maru: Yes, thank you.

トリマーさんたちがどんなに優しく敬意を持って犬たちに接したとしても、彼らが不安を抱くのは珍しいことではありません。この会話からは、アニマル・コミュニケーションを使えば、問題点を特定し、その原因を突き止め、克服する手段を見つけられるということがわかってもらえたでしょうか。

Lauren's Advice

01. 動物たちの問題行動の原因を知るためには、一つの質問で終わらせず、相手の答えに合わせて追加で質問をすることが大切です。

02. 動物たちの問題行動の原因を特定するためには、その行動をとる理由を尋ねましょう。

03. 悪い習慣や癖を改めるためには、アニマル・コミュニケーションと合わせてポジティブトレーニングや行動修正法を行うことも有効です。

04. 行動に変化が見られたとしても、初めのうちは一貫性がないように思えることもあります。

＊5 ポジティブトレーニングとは、痛みや恐怖、強制を伴わずに動物たちをトレーニングすること、もしくは、そこで使われるツールなどを指すものだと考えてください。
例えば、自分の思い通りに動物たちが行動してくれた時に、ご褒美としておやつをあげたり一緒に遊んであげたりしますよね。これが、ポジティブトレーニングです。

Chapter 12

生と死――動物たちの死生観

アニマル・コミュニケーションでは、この世を去ってしまった動物たちと話すこともできますと言ったら、あなたは驚くでしょうか？　でもこれは事実です。

死後の動物たちとのコミュニケーションは、仕組みの上では生きている動物たちとのコミュニケーションと変わりません。ただし、アニマル・コミュニケーションのテクニックを身につけたばかりの人が、死後の動物たちとコミュニケーションを取るのは非常に難しいでしょう。

死後の世界にいるものたちと結びつくのに必要なスキルは、時間をかけて、自分の技術を磨き、経験を積み、動物たちの死生観などを理解していく中で、身につけていくものなのです。

そのため、この本では死後の動物たちとのコミュニケーションについては詳しくお話ししません。ただし、この上級テクニックを紹介する本もいつかは出版したいと考えています。その日が来るまでは、基礎的なテクニックに磨きをかけて待っていてくださいね。また、「ローレン・マッコール アニマルコミュニケーション・アカデミー」では日本でも講座を実施していますので、そちらへの参加も大歓迎です。

〝向こう側〟と〝こちら側〟

アニマル・コミュニケーターを生業としている人は、たいてい自分の専門分野を持っています。誰もが、どんなタイプのコミュニケーションでもこなせますが、興味のある分野や知識の量は一人ひとり違っているので、当然、好きなタイプや得意なタイプもあるというわけです。

コミュニケーターの中には、動物たちの健康に関する問題を扱うのが好きな人もいれば、問題行動を直すという挑戦しがいのあるテーマを好む人もいます。私のように、死の床にある動物たちや死後の動物たちとのコミュニケーションが専門という人だっています。

なお、私の処女作『永遠の贈り物』(中央アート出版刊)*6では、私と死後の動物たちとのさまざまな会話が紹介されているんですよ。愛する動物との別れを経験したことがある人、この種のテーマに興味があり、もっとよく理解したいと考えている人は、ぜひ手に取ってみてくださいね。

動物たちや私たち人間が、死後どこに行くのか、実際のところ私にはわかりません。

動物たちはその場所を〝家(home)〟と呼んでいます(この本では〝向こう側〟と呼ぶことにします)。〝向こう側〟が異次元世界なのか、パラレルワールド(並行世界)なのか、量子力学的な世界なのかはわかりません。実は、私たちと同じ世界にいるのに、姿が見えないだけなのかもしれません。

確かなことは、〝向こう側〟がどこだろうと、どんな世界だろうと、そこにいる動物たちと結びつくことが可能だということです。アニマル・コミュニケーションで私たちが結びつくのは、高尚な存在である魂だとお話ししたのは覚えていますよね？　それは、動物たちが生きていても、死後であっても変わらないんです。そして、動物も人間も同じように、生まれる時に〝向こう側〟から〝こちら側〟へとやってきて、死後はまた〝向こう側〟へ帰ります。この事実は、動物たちが私に教えてくれたんですよ。

よく「アニマル・コミュニケーションは、動物たちの死後どのくらいの間であれば可能なのですか」と聞かれます。普通は〝向こう側〟へ行った動物たちが新たな身体で〝こちら側〟に生まれ変わるまでは、コミュニケーションを取ることができます。

これまでの経験から言って、死後２年を過ぎてしまうと、〝向こう側〟に帰った動物たちとコミュニケーションを取りにくくなってしまいます。もちろん例外も多くあって、〝向こう側〟へ帰って２年と経たずに生まれ変わるものも、何10年も〝向こう側〟に留まるものもいるんですよ。どうやら、それぞれが選んだ道（生き方）によってこの期間は変わるようなんです。

死後の動物たちはどうなるの？

死の床にある動物たちや死後の動物たちに共通して言えることは、「死を恐れていない」ということです。だからと言って、愛する家族や友人たちを〝こちら側〟に残して死ぬことが、悲しくないわけではありません。ただ、魂が永遠に生き続けること、愛する人たちとの絆が永遠に続くことを信じている彼らは、私たちと違って、死を受け入れることができるんです。

愛が滅びることは決してありません。あなたも動物たちの考え方を理解できるようになれば、なぜ彼らが死を恐れないのかがわかると思いますよ。

動物たちは、死後も霊的な存在となり、数日間もしくは数週間にわたって、人間の家族のもとに留まることがあります。実際、何かを見聞きしたとか、何かが触れるのを感じた、匂いがしたという体験から、愛する動物が帰ってきたと信じている人もたくさんいます。

確かに動物たちは、私たちの様子を見に来ているんですよ。そして自分たちが側にいること、安全な場所で幸せにしていることを、私たちに知らせたがっています。

逆に、私たちがどんなに望んだところで、愛する動物が生まれ変わって、再び自分のもとに来ることは滅多にありません。もし生まれ変わった動物が、もとの飼い主さんのもとへ戻ってくるとしたら、その動物には、飼い主さんとの間にやり残した仕事がある、もしくは彼らが再会すべき特別な理由があるということなんです。

私の家族が大好きだった猫のグラントリーは、交通事故でこの世を去りました。ところが、一年後に別の猫の姿で私たちのところへ帰ってきたんです。その時、彼はこんな話をしてくれました。

「ぼく、戻ってきたよ。ぼくが大丈夫だってことは、もうわかったよね。それに、魂と人生が深く結びついているんだってこともわかった？　ぼくたちの間にはまだ終えていない仕事が残っていたから、ぼくはそれを終えるために戻ってきたんだ。もうぼくは見た目も性格も別の猫になっちゃったけど、本質的には前と一緒なんだよ」

ここで『虹の橋（The Rainbow Bridge）』という作者不詳の詩についてお話ししたいと思います。この詩は1980年代に書かれたものですが、あなたも聞いたことがあるかもしれませんね。この詩では、動物たちが死後に行く場所——食べ物や水があり、他の動物たちも暮らしている緑の牧場——について語られています。

飼い主さんからの愛情は得られないものの、動物たちはその牧場で、楽しく幸せに暮らしています。そして飼い主さんの死後、彼らはこの牧場で再会し、一緒に虹の橋を渡って天国へ行き、そこに永遠に留まることになるとあります。この詩は何ヶ国語にも翻訳されていますし、愛する動物を失った人に贈られることも多いようです。

動物とその飼い主さんが再会するという考え方は、心温まるものですよね。ただ、数多くの死後の動物たちと話をしてきた私には、この話が真実だと言うことはできません。

この話が本当だとするならば、飼い主さんのいない動物たちは、一体、誰とどこに行けばいいのでしょうか？

動物たちにはそれぞれ目標や進むべき道があります。〝向こう側〟へ行かずに牧場でぐずぐずしながら、自分の飼い主さんとの再会を待ちわびているということは、残念ながらありません。第一、死後の動物たちには身体がないので食べ物や水も不要ですよね。

これで、わかっていただけたでしょうか。あなたも、『虹の橋』は私たち人間が生み出した理想のお話に過ぎないということを、覚えておいてください。

死は避けられない――生きることを楽しもう

動物たちは、家族との愛情の絆が死後も永遠に続くと信じているだけでなく、〝向こう側〟へ行ってからも〝こちら側〟での私たちとの触れあいを懐かしんでいるんですよ。実際に、多くの動物たちが、家族に触れてもらうことで得ていた安心感や愛情が恋しいと、私に打ち明けてくれました。

命は尊いものです。しかし、誰にでもいつかは死が訪れます。永遠に続く生と死のサイクルについて、動物たちから学べること、学ぶべきことはまだまだたくさんありますが、それについては別の機会に取っておくことにしましょう。

この本では、オーストラリアのアボリジニーたちの間で古くから伝わることわざを紹介して、この死生観に関する話題を終わりにしたいと思います。人間の観点に基づくことわざではありますが、動物たちの考える人生、命の意味を完璧に表現しているんですよ。

「私たちは皆、今、この場所を訪れている旅人です。私たちはただ通過しているだけに過ぎません。私たちがここにいるのは、よく見て、学び、成長し、愛する……そのためであり、いつの日か私たちは故郷へと帰るのです」

〝We are all visitors to this time, this place. We are just passing through. Our purpose here is to observe, to learn, to grow, to love... and then we return home.〟

Lauren's Communication 3

次に紹介するコミュニケーションの相手は、日本で暮らしていたチュウという名前の猫です。彼の飼い主だった阿藤さんからの依頼を受けて、私は、すでに〝向こう側〟へ帰った後のチュウと話しました。この会話は、死後の動物たちとの会話によく出てくる話題が色々と含まれている、私のお気に入りの記録の一つなんですよ。

※私が実際に行なったコミュニケーションをより身近に感じてもらえるよう、Lauren's Communication では日本語と英語の両方を載せています。

Choo / チュウ

わたし：チュウ、あなた、そこにいるの？　ちょっと話せるかしら？　あなたは今どこにいるの？　どんな気分？　何か心配なことはある？

チュウ：ぼくは今、〝家〟にいるよ。最高の気分なんだ。ぼくが一つだけ気にしているのは、ママが幸せかどうかだよ。ママはまだとっても悲しんでいるでしょう。もちろんぼくだってママのことが恋しいよ。でも、ぼくたちは一緒にいて素晴らしい時を過ごせたよね。ありがとう。

わたし：こちらこそ、ありがとう。私はあなたと人生を分かち合えて、とても幸せだし、そのことを光栄に思っているわ。あなたがいなくなってもう一カ月経つけれど、日増しにあなたに会いたくなるの。あなたが今いる世界は、こちらの世界と近いの？

チュウ：近いかって？　そうだな、いい質問だね。でもちょっと複雑なんだよね。ぼくがいるのは地図上の場所じゃない。ここも地球みたいに、宇宙の創造物の一部なんだ。ここはエネルギーが形を変えて存在している場所なんだよ。エネルギーの振動がもっとずっと速いんだ。ここには、ママたちが考えているような〝距離〟は存在しないんだよ。ぼくたちは互いに相手の一部なんだって考えてみて。ぼくたちはみんなつながっている。それが、宇宙の真理なんだよ。だからママとぼくも愛情とぼくたちに共通の経験を通じて、感情の一部を共有しているんだ。今のぼくがあるのは、ママのお陰だよ。ただの猫じゃなくて、一つの命のある存在としてね。ママがぼくの魂を永遠に変えたんだ。それにぼくもママのことを変えたんだよ。

わたし：すごいわ。説明してくれて、ありがとう。私ね、あなたがいなくなった一週間後に、あなたからメッセージを受け取ったような気がするんだけど、あれは私の気のせい？

チュウ：ぼくは、毎日ママに愛を贈っているよ。でもそれだけじゃなくて、ぼくは、ママにそんなに悲しんでほしくないと思っているんだよ。ぼくも辛いんだ。

わたし：ごめんなさい。でも私、あなたがいなくて寂しいの。

チュウ：ぼくがいるところはね、誰も日記を付けていないし、カレンダーもないんだ。時間って地球だけのものだから。心の中でぼくと一緒にいてね。ぼくには、ママの声がきこえるし、ママのこと感じているよ。悲しんでばかりいるのを止めれば、ママもぼくのことをもっと身近に感じられるよ。でも、ママの悲しみを通り越して側に行くのは難しいよ。

わたし：あなたはとても勇敢だったわ。随分長い間、病と闘って、何度も何度も回復して、命の限りを尽くして生き抜いたんだもの。きっとあなたは人生のゴールにたどり着いて、学ぶべきことを学び、卒業したのね。だから私も悲しんでばかりいたらダメよね。獣医さんが、あなたのことを誇りに思うべきだって言うんだけど、私もその通りだと思うわ。死ぬ前は、すごく苦しい思いをしたの？

チュウ：ぼく、何度も身体の外に出ていたんだ。そうすると、感じる痛みも少ないんだよ。ぼくの死は穏やかなものだったんだから、ママが負い目を感じたり、気に病んだりすることないよ。そんな考えはどこかにやっちゃって。ママにとってもぼくにとっても、何の役にもたたないよ。

わたし：14 年の人生を振り返ってみて、どう思う？　特に覚えていることとか、印象に残っていることとか、何かある？

チュウ：桜の花が咲く季節の空気の匂い。ママ、わかる？　甘くて、だけど木や土の匂いもするんだ。あの匂いが懐かしいな。地上の世界は素晴らしい匂いで一杯だよ。でも、そっちでの人生で思い出すのは桜の匂いなんだ。春や新たな命の訪れを約束してくれるし、ぼくたちの友情が花開き、一緒に過ごした人生について思い出させてくれる匂いなんだ。

わたし：その通りね。本当にいい季節だと思うわ。

チュウ：うん、そうだよ。次に地上に降りる時は、野良猫になるべきかな。今度は外にいたいな。

わたし：そうしたら、色々と経験することも違うでしょうね。生きるのも大変だろうし、寿命だって短くなるかもしれないわ。

チュウ：うん。でもそれでいいんだ。

わたし：あなたが生まれ変わって、もう一度〝こちら側〟に来た時、幸せな人生になるように祈っているわ。たとえ何度生まれ変わるとしても、全ての生涯が幸せでありますようにってね。ひょっとしたら、またいつか会えるかもしれないわね。私たち、これまでの過去の人生で会ったことはあるの？　こんな風に考えるのって楽しいわね。時々、何か合図を送ってもらうことはできる？

チュウ：ぼくたちはまた会えるよ。いつかね。ぼくにはわかるんだ。合図？　ぼくがママの手の下をすり抜けた時の感触を覚えてる？　ママの手がぼくの頭とか肩のところに置かれてて、その手がぼくのしっぽを触るまで、ぼくが手の下を通り抜けたでしょ。もしぼくが近くにいるような気がしたら、ぼくをなでる時みたいに手を出してみて。きっとぼくがそこにいるって感じられるはずだよ。

わたし：素敵だわ。ありがとう。何か私に言いたいことはある？

チュウ：ぼく、ママのことが大好きだよ、これからもずっと。ぼくたちはこれまでも一緒にいたし、これからもまた一緒になれるよ。気持ちが落ち着いたら新しい猫を家に入れてあげてね。ぼくみたいに外で助けを求めている猫はたくさんいるよ。また会おうね。桜の花が咲く季節がいいな。

わたし：ありがとう。あなたのこと愛しているわ。

チュウ：うん、ぼくもだよ。

Choo

Lauren: Choo are your there? Can we talk? Where are you now, and how do you feel? Anything that you are worried about?

Choo: I am at home now and I feel great. My only concern is that I want you to be happy. You are still very sad, and of course I miss you too. But we had such a great time together. Thank you.

Lauren: Thank you. I feel so happy, privileged and honored to have shared my life with you. It's been a month since you've gone, and I miss you more every day. Is the place that you are in now actually quite close to the world I am in now?

Choo: Close? Well now, that is a good question. And a complicated one. Where I am is not a geographical place of course. It exists, like the earth, as part of the creation of the universe. It merely exists as a different form of energy. A faster vibration of energy. In this way, distance does not exist as you commonly think of it. Think of it this way, we are a part of each other. This is true in a cosmic way, we are all One. But you and I are also emotionally a part of each other through our love and shared experience. You helped to form who I am. Not just as a cat, but as a being. You have left my soul forever changed. I have changed you too.

Lauren: That's wonderful. Thank you for explaining that so clearly. A week after you passed, I suddenly felt like I got a message from you, but was this just my imagination?

Choo: The message I send you every day is love. But I also want you to be not so sad. This is hard for me.

Lauren: I'm sorry. I miss you.

Choo: Where I am we don't keep diaries or have calendars. Time is left on earth. Be with me in your heart. I hear you, feel you. Once you stop grieving so much, you'll feel me closer to you. It's hard to get through your grief to reach you.

Lauren: You were very brave. You fought the difficult disease for a long time, got better many, many times, and lived to the very last drop of life. You achieved your goals and life lessons, and seemed to graduate life. So I can't stay sad. The doctor said that I should be proud of you, and I agree. Did you suffer much before you died?

Choo: I was out of my body a lot. I felt less pain that way. My death was peaceful, you have nothing to feel guilty about or worry about. Please move away from these kinds of thoughts. They are not useful to you, or to me.

Lauren: What do think, looking back on your 14 years? Can you tell something you especially remember your impression, or anything?

Choo: There is a smell in the air around cherry blossom time. Do you know it? Kind of sweet, but it smells like trees, earth. I miss smells. The earth is full of wonderful smells. Anyway, that's the smell really makes me think of my life. The promise of springtime and new life. It makes me think of the flowering of our friendship, and our life together.

Lauren: Yes, it is a very meaningful time.

Choo: Yes, it is. Next time I come to earth I may be an outdoor cat. I want to be outside next time, I think.

Lauren: That would be a very different experience. It's a harder life, sometimes a shorter one.

Choo: Yes, but that's okay.

Lauren: And if you are going to be reborn into this world again, may your life be a happy one. If you are going to reincarnate many times, I will keep praying so that you will be happy in all your life times. And maybe we may meet again some time? Or maybe we were together in a past lifetime? It's fun to think of such things. Can you send me a sign sometime?

Choo: We will meet again. Sometime. I am sure of that. A sign? Do you remember the feeling of when I walk under your hand? Your hand would be at my head or shoulders, and I'd walk along until you were at my tail. If you sense I am near, hold your hand out as if to stroke me. I hope you will feel me there.

Lauren: Wonderful, thank you. Is there anything you'd like to tell me?

Choo: I love you, and always will. We have been together before, and will be again. Get a new cat when you are ready, many out there like I was and need help. We'll meet again, may be in cherry blossom time.

Lauren: Thank you, I love you.

Choo: Yes, me too.

Lauren's Advice

01. 私たちは死後の動物ともテレパシーを使ってコミュニケーションを取ることができます。

02. 例外もありますが、ほとんどの動物たちは死を恐れてはいません。

＊6 Lauren McCall（2009）The Eternal Gift: Coping with the Loss of a Beloved Animal, Lauren McCall Privately Printed（ローレン・マッコール（著）おくだひろこ（監修）（2009）『永遠の贈り物 ― アニマル・コミュニケーションで伝える動物からの魂のメッセージ』中央アート出版）

Chapter 13

思い出のコミュニケーション・アルバム

そろそろ、あなたにもアニマル・コミュニケーションができるのだという確信が持てるようになってきた頃ではないでしょうか？　もちろん、始めたばかりで自分の能力に100%自信がないのは当然です。あきらめずに練習を続けてくださいね。いつか必ず自信が持てるようになりますよ。

自分に自信を持つこと、そして潜在的に備わっている自分の能力を信じることこそが、**成功のカギ**なんです。これを忘れないでください。

Chapter 13で紹介するのは、これまでに私が行なってきたコミュニケーションの記録です。アニマル・コミュニケーションを学ぶ目的や目標を考える際のヒントにしてください。

中には、とても短い会話もあれば、長いものもありますが、いずれもアニマル・コミュニケーションでよく取り上げられる会話の内容を広くカバーしています。登場する動物たちは、みんな個性的で、ただ聞かれたことにだけ答える動物もいれば、話し出したら止まらない、とてもおしゃべりな動物もいます。まじめだったり、ふざけたりと性格もそれぞれなんですよ。人間同士の会話と似ている部分、異なる部分、会話のリズムや言葉の端々から伝わってくる動物たちの性格の違いなどにも気をつけて読んでくださいね。

Lauren's Communication 4

ウサギと暮らしている人ならわかると思いますが、ウサギたちをつがいにさせるのは本当に大変なんです。彼らとコミュニケーションを取ると、一緒に暮らす相手に求める理想的な体格、年齢、気性などを教えてくれますが、私もそれで、数多くのペアを誕生させてきました。ここでは、ボーイフレンドの理想がかなり高かった、ビッグ・バンズとの会話を見てみましょう。

※私が実際に行なったコミュニケーションをより身近に感じてもらえるよう、Lauren's Communication では日本語と英語の両方を載せています。

※ Chapter 13 で紹介するコミュニケーションの記録は、全てを載せるのには長すぎるため編集を加えています。ただしそれはコミュニケーションの長さに関してのみで、私の話した言葉や動物たちの話した言葉はそのままになっています。

Big Buns / ビッグ・バンズ

わたし：元気？

ビッグ・バンズ：元気だけど、つまんないの。

わたし：あら、それでこの頃ずっとガリガリ噛んでばかりいるのね。

ビッグ・バンズ：うん。

わたし：あなた、ボーイフレンドがほしいんじゃない？　サンプソンなんてどう？

ビッグ・バンズ：たぶん。彼ならいいかも。わたしは白くて黒い点々があるウサギを考えてたの。ステキなウサギがいいな、やさしい子。ぴったり寄り添ってくれるフレンドリーな子がいい。

わたし： じゃあ、サンプソンを試してみましょう。もっとも、あの子は全身が白くて耳の先と足の先が黒いだけなのよね。

ビッグ・バンズ： わたし、寂しいの。人間は結構好きなんだけど、他のウサギたちはね――みんなとはうまくいってないの。

わたし： わかったわ。じゃあ、あなたにピッタリの相手を見つけるために、もっと頑張るわね。

ビッグ・バンズ： ありがとう。でもそんなに簡単にはいかないんじゃないかな。

わたし： まあ、やってみましょう。

ビッグ・バンズ： ＯＫ、ありがとう。それじゃあ、バイバイ。

わたし： さようなら。

Big Buns

Lauren: How are you?

Big Buns: I'm OK, I'm bored.

Lauren: Oh, is that why you have been chewing so much lately?

Big Buns: Yup.

Lauren: Do you want a boyfriend, a mate? How about Sampson?

Big Buns: Maybe. He might be all right. I was thinking about a white and black spotted bunny. I wanted a nice rabbit, sweet. I would like a friendly rabbit to cuddle with.

Lauren: Well, we can try Sampson out even though he is all white with black tipped ears and paws.

Big Buns: I'm lonely. I like people pretty well, but other rabbits, I haven't gotten along with all of them.

Lauren: I see. Well I will work even harder to find you the right mate then.

Big Buns: Thank you. It may not be so easy.

Lauren: Well, let's try.

Big Buns: OK, thanks. Good-bye.

Lauren: Good-bye.

この会話の続きには、面白いエピソードがあるんですよ。

残念ながらビッグ・バンズとサンプソンの相性はあまりよくありませんでした。そこで彼女の飼い主のパトリシアは、サンディエゴにあるウサギの保護団体に彼女のちょっと変わった好みを伝えたんですって。すると、タイミングよく全身が白くて黒い斑点模様のあるウサギのアントニオ・バンデラスが引き取られてきたのです。

さっそく2匹を会わせたところ、ビッグ・バンズとアントニオ・バンデラスはすぐに仲よくなりました。どうやら恋に落ちてしまったようです。この2匹はそれ以来、ずっと一緒に過ごしているんですよ。

Lauren's Communication 5

あなたは動物たちに薬を与えたことがありますか？　目薬や点滴、食べ物に混ぜられたり、無理やり飲まされる薬を嫌がる動物もたくさんいます。そんな時には、アニマル・コミュニケーションを使って、その薬が彼らの身体によい効果をもたらすものだと説明してみましょう。ただし、動物たちが理解を示してくれるかどうかは、別問題ですが……。
次に紹介するのは、私の友人であり、仕事のパートナーでもあるデビーが飼っている、サニーというとても年老いた馬との会話です。ここでは、デビーがこの本のために寄せてくれたメッセージを載せたいと思います。

※私が実際に行なったコミュニケーションをより身近に感じてもらえるよう、Lauren's Communication では日本語と英語の両方を載せています。

Sunny / サニー

サニーは38歳で、馬としてはもうおじいさんです。私は彼の関節炎の痛みを和らげるために、餌に粉薬を混ぜたのですが、彼はいつも鼻で餌の入ったバケツをひっくり返し、粉薬の混ざっていない部分しか食べようとしませんでした。リンゴや糖蜜を混ぜてみたりもしたのですが、彼の気を変えることはできなかったのです。

そこで私は、薬を飲めば痛みが和らぐのだということを、ローレンからサニーに伝えてもらうように頼んだのです。その時の会話は次のようなものでした。

わたし：サニー、私はね、あなたに餌の中に入っている薬も一緒に食べて欲しいの。

サニー：わたしはあれが嫌いなんだよ。

わたし：薬を飲めば身体の痛みが和らぐのよ。

サニー：わたしはもう年寄りなんだし、嫌いなものなんか食べなくたっていいじゃないか。

Sunny

Lauren: Sunny, I'd like you to eat the medicine in your grain.

Sunny: I don't like it.

Lauren: It will make your body feel less sore.

Sunny: I'm old and I shouldn't have to eat things I don't want to.

年齢を口実にして薬を飲まないなんて面白いですよね。この後、私は、彼の意見を尊重して、私にとってもサニーにとっても満足のいく他の手段を探しました。そして、関節炎の薬は注射による投与も可能であるとわかったので、この方法を使うことにしました。注射によって随分調子のよくなったサニーは、今では、私が定期的に注射を打つのもほとんど気にならないようなんです。

Lauren's Communication 6

動物たちには、さまざまな物事に対する自分なりの考えがあり、中には、私たちが止めて欲しいと思うようなことを、自分の仕事だと考えている動物もいます。
ここで紹介する犬のサッチモとのコミュニケーションには、その２つに関する話題が含まれているんですよ。

※私が実際に行なったコミュニケーションをより身近に感じてもらえるよう、Lauren's Communication では日本語と英語の両方を載せています。

Satchimo / サッチモ

わたし：　私はね、目の前を船が通り過ぎるたびに吠える必要も、お客さんが来るたびに吠える必要もないんだってことを、あなたにわかってほしいの。

サッチモ：そうだな、でも、君とこの家を守るのが仕事なんだよ。ぼくはこの仕事が好きなんだ。ぼくだって、自分がかわいい犬だってことはわきまえてる。でも、何かしなくちゃいけないんだよ。

わたし：　そうね、警告として吠えるのはいいけれど、ずっと吠え続けるのは、やり過ぎね。みんな、すごく怖がっているのよ。

サッチモ：でも、その人たちに来てほしくないなら、いいことでしょ。

わたし：　そうね、確かにその通りだわ。でも、特に私たちが家にいる時なんかは、数回吠えて人が来たことを知らせてくれるだけでいいの。それで私たちには伝わるから。わかったら、「静かにしなさい」ってあなたに言うわね。

サッチモ：うん、わかったよ。やってみるよ。

わたし：　ありがとう、わかってもらえて嬉しいわ。それじゃあ、私たちがあなたを置いて出かけるのは、あなたに罰を与えているわけではないって知ってた？

サッチモ：罰みたいな気がするよ。

わたし：　そんなことないのよ。時々、例えば今日みたいな日は、とにかくすごく暑いでしょう。そんな日に車に乗っていたら、あなたは気分が悪くなってしまうわ。

サッチモ：そっか。

わたし：　あなただけじゃなくて、他の犬も全部家に置いていくでしょう。

サッチモ：うん。ああ、確かにそうだね。

わたし：　それで、どうしてあなたは一人にされると、キッチンカウンターから食べ物を勝手に取ってきちゃうの？

サッチモ：なんてバカな質問だろ！　ぼくは食べ物が大好きなんだよ！

わたし：　そんなことしちゃいけないって、知っているわよね？ 身体に悪いものを食べてしまうかもしれないでしょ。例えばチョコレートとか。

サッチモ：あぁ、犬は色々なものを食べるんだよ。それでちゃんと生きてるでしょ。

わたし：　でもね、あなたは許可を得ずに、私たちの食べ物を食べているのよ。私はあなたの分は食べないわよね。お行儀も悪いし、危険でもあるのよ。

サッチモ：そうかもしれない、けど楽しいもん。

わたし：　サッチモ！　私はあなたに、そんなことは止めてほしいの。

サッチモ：ぼくは犬なんだよ、知ってるよね。

わたし：　私は、あなたの判断力と自制心にすごく感心しているのよ。

サッチモ：そうなの？　ありがとう。

わたし：　もちろんよ。あなたは、犬たちのリーダーでしょう。あなたに他の犬たちのお手本になってほしいのよ。

サッチモ：あぁ、わかったよ。うん、それはもっともだよね。

わたし：　吠えることについても同じよ。

サッチモ：わかったよ、やってみる。

わたし：　ありがとう。何か言いたいことはある？

サッチモ：ぼくのことを信用してくれて嬉しいよ。期待に添えるように頑張るね。

わたし：　すばらしいわ。それじゃ、そろそろさよならを言わなくちゃ。

サッチモ：あぁ、わかった。またね。

Satchimo

Lauren: I want to let you know that you don't need to bark at all the boats that go by, or when people come to the house.

Satchimo: Well, actually, it's my job to protect you and the house. I like that. I know I'm pretty, but I have to have something to do.

Lauren: Well, a warning bark is fine, but to keep going at it is a little too much. It also alarms people quite a bit.

Satchimo: Well that would be a good thing if they weren't people that you wanted here.

Lauren: Yes, that's true. But especially when we are home, you can just bark once or twice to alert us and we'll take it from there. I'll remind you by saying "quiet".

Satchimo: I see, OK. I'll try.

Lauren: Thank you we appreciate that. Now, do you understand that when we go out and leave you that we are not punishing you by leaving you home?

Satchimo: It feels like punishment.

Lauren: It shouldn't. Sometimes, like on days like today, it's just too hot! It would make you sick to be in the car.

Satchimo: Oh.

Lauren: You notice that we leave all the dogs, not just you.

Satchimo: Yes, well, that's true.

Lauren: So when you are left alone, why do you steal food from the counter?

Satchimo: What a silly question! I like the food!

Lauren: You know you are not supposed to do that. You could eat something that's unsafe for you. Like chocolate.

Satchimo: Aw, dogs eat lots of stuff. We get along OK.

Lauren: Still, you are taking our food without our permission. I don't eat your food. It's rude and unsafe.

Satchimo: Perhaps, but it's also fun.

Lauren: Satchimo, I'd like you to stop doing that.

Satchimo: I am a dog you know.

Lauren: I also have great respect for your judgment and self control.

Satchimo: Do you? Thank you.

Lauren: Of course. You do seem to be the leader of the pack, so we need you to set a good example for the others.

Satchimo: Oh, I see. Yes, well that does make sense.

Lauren: Same goes for the barking.

Satchimo: OK, I'll try.

Lauren: Thank you. Is there anything you want to say?

Satchimo: I'm glad you had such faith in me. I'll try to live up to that.

Lauren: Wonderful. I'll say good bye for now then.

Satchimo: Oh. OK. Bye then.

Lauren's Communication 7

アニマル・コミュニケーションを学ぶのを、動物たちが手伝ってくれるとしたら、嬉しいですよね。実は、たくさんの動物たちが、私たちを手伝いたいと思ってくれているんですよ。
次は猫のマイちゃんとのコミュニケーションです。飼い主のイズミさんは、私のアニマル・コミュニケーター養成講座の受講生ですが、自分が得た情報の内容に100%の自信が持てないということで、動物保護センターから引き取ってきたマイちゃんとのコミュニケーションを、私に依頼してきたんです。

※私が実際に行なったコミュニケーションをより身近に感じてもらえるよう、Lauren's Communication では日本語と英語の両方を載せています。

Mai / マイ

わたし：あなたが私のことをどれほど幸せにしてくれているか、あなたに知ってほしいの。あなたは、私の人生にとって最高の贈り物よ。

マイ：　あぁ、ありがとう。わたしたちの間には特別な絆があるの。わたしにはそれがわかるのよ。わたし、あなたが大好きだし、あなたと仲よくできてうれしいな。

わたし：私もあなたと同じ気持ちよ。ずっと気になっていることがあるんだけど、ここへ来る前はどんな暮らしだったの？

マイ：　今とは全然違ったよ。わたしは、何匹かの子たちと同時に生まれたんだけど、その時の飼い主さんはみんなをよそにやっちゃったの。わたしは自分のいたところから逃げ出して、別の人の家にも行ったんだけど、最後に猫たちの家（保護センター）に来たというわけ。

わたし：ああ。そうだったのね、わかったわ。私がずっとあなたとコミュニケーションを取ろうとしていたのはわかった？

マイ：　うん。わたしにはちゃんと聞こえてるけど、あなたは時々心配し過ぎちゃって、そのせいでわたしの返事が聞こえないの。わたしの話が聞こえても、信じないことがあるでしょう。
自分を信じることが大切。時々間違えたって、そんなのどうでもいいじゃない、たいした問題じゃないでしょ。リラックスすれば、自然に聞こえるから。こういうのは、時間がかかることもあるのよ。

わたし：ありがとう。気長にがまんしてみるわね。でも簡単じゃないのよね。

マイ：　わかるなぁ。人間って、なんでも急ぎたがるよね。成り行き任せでいいのに。

わたし：痛いところとかおかしなところがないか、全身をチェックしてみて。

マイ：　身体が痛い時もあったよ。時々、耳がおかしい時もあるしドライフードを食べると、口の中が痛いこともあるの。そんなにひどくないけど、バリバリ噛むのはあんまり楽じゃなくて。

わたし：そうなのね。かわいそうに、後で調べてみましょう。どうしてあなたは私と一緒の生活を選んだの？

マイ：　わたしたちはね、心の支えとなる相手が必要だったの。あなたは大変な時期で、大きな変化もあったでしょ、わたしもよ。でも、お互いに安心感とか信頼感を持ってる。わたしたちの人生では、こうなる運命だったの。

わたし：そうね、私たち確かにそう。私との生活があなたの仕事なの？それとも他に何かある？

マイ：　この生活がメインの仕事よ。それとあなたが動物との話し方を学ぶのを助けたいの。あなたがやりたがっていることは、ステキなことよ。本当に楽しいの。猫って時々、笑っちゃうような話とか面白い話をするのよ。

わたし：その通りね。あなたってお客さんが来ている時は、びくびく不安そうにしているけど、私にできることはある？　知らない人がそばにいても怖がらずにすむような何かはある？

マイ：　あのね、わたしは今のままで幸せ。わたしがびくびくしてるからって、なんで困るの？

わたし：そうね、あなたが幸せで、怖がっていないことがわかれば、それでいいの。

マイ：　ああ、そうなの。わたしは大丈夫。ただ多くの人に会うのに、あんまり興味がないだけ。今までの人生でいっぱい会ってきたから、人と会うのはもう面白くもなんともないの。だから悩まないで。

わたし　わかったわ。安心させてくれて、ありがとう。私があなたから学ぶ一番大切なことって何？

マイ：　そんなの簡単。もっと辛抱強くならなきゃいけないってこと。物事を成り行きに任せること。何も期待しなければ、全てを与えられるわ。

わたし：素敵なアドバイスをありがとう。私の質問に答えてくれたことにも、私と一緒にいてくれることにも感謝しているわ。
もっと楽にコミュニケーションが取れるようになる日が待ち遠しいわ。あなたは私の一番の親友で、同時にとても賢い先生でもあるのよ。色々教えてね。

マイ：　あぁ。それってステキ。あなたが勉強すれば、わたしたちの絆はすごく深まるんじゃないかな。あなたのこと大好きよ。

わたし：ありがとう。また会いましょうね。

マイ：　うん、また話そうね！

Mai

Lauren: I want you to know how happy you make me. You are the best thing in my life.

Mai: Oh, thank you. We have a special bond. I feel it too. I love you and I am glad we are such good friends.

Lauren: Me too. I've been curious about something. What was your life like before you came to live with me?

Mai: Very different. I was born into a litter of kittens and the people gave us away. I ran away from the place I lived and eventually ended up with the other people and then the cat house (animal shelter).

Lauren: Oh. Yes I see. Do you know that I've been trying to communicate with you?

Mai: I know you have. I hear you just fine but sometimes you are too nervous and blocked to hear my reply. Sometimes I think you do hear me but you don't believe it. It is important to trust yourself. So what if you are wrong once in a while, it's no big deal. Just relax and it will come. It takes time sometimes.

Lauren: Thank you. I am trying to be patient but it isn't easy.

Mai: I know. Humans want everything so fast. Let things unfold as they should.

Lauren: Please scan your body for any pain or discomfort.

Mai: I had a time when I was sore. My ears bother me a little sometimes. When I eat dry food parts of my mouth feel a little tender. Not awful but the crunchy stuff isn't so comfortable.

Lauren: I see. I'm sorry, I'll look into that. Why did you choose to come live with me?

Mai: We both needed a being to provide an emotional haven. You have had some tough times and big changes, me too. But in each other we have peace and trust. We both deserve this in our lives.

Lauren: Yes, yes we do. Is that your job or do you have another one?

Mai: That's my main one. I also want to help you learn to talk to animals. It's nice that you want to. It's quite fun. Cats have fun and interesting things to say sometimes.

Lauren: I'm sure you do! You seem very shy and nervous when people come to visit me. Is there anything I can do to help you feel less afraid and more secure around new people?

Mai: You know, I'm happy the way I am. Why does it bother you I'm shy?

Lauren: Well, if I know that you are happy and not just afraid it would be fine.

Mai: Oh, yes I see. I'm OK. I'm just not that interested in meeting many people. I have met many in my life. It's not something that interests me anymore. But don't let it worry you.

Lauren: OK. Thank you for reassuring me. What is the most important thing I can learn from you?

Mai: That's easy. To be patient with yourself. Just let things unfold as they should. Expect nothing, gain everything.

Lauren: That's great advice. Thank you. Thank you for answering these questions and sharing your life with me. I look forwarding to communicating with you often in the future. You are my best friend and I consider you a wise teacher. I am eager to learn from you.

Mai: Oh. That is so sweet. Yes. Your learning process will enhance our relationship wonderfully. I love you too.

Lauren: Thank you. Good-bye for now.

Mai: Yes, until we talk again.

LAUREN'S COMMUNICATION 8

世界中でたくさんの人が、動物たちと一緒に競技会へ参加して楽しんでいます。日本の犬の飼い主さんたちの間でも、オビディエンス（従順性）、アジリティ（敏捷性）、フリースタイル、純血犬種の品評などさまざまな競技が人気となっていますし、馬の飼い主さんたちの間では、馬術競技会も行われています。最近ではウサギのアジリティ競技にも人気が集まりつつあるんですよ！
そこで、動物たちと一緒に競技に参加する前に、彼らが練習や競技に参加すること自体をどう思っているのか、アニマル・コミュニケーションを行なって確かめてみては

どうでしょう。また、競技に出て最高の演技を見せるにはどうすればいいのか、動物たちが具体的に提案してくれることもあるんですよ。
馬のマスコカとパートナーのアンは、アメリカ西部で障害馬術の大会に出場しています。マスコカはいつも、競技前のコミュニケーションで、鞍の置き方や障害を飛び越える時の体重のバランスの取り方についてアンに意見を出してくれるんです。でも、次に紹介する会話が行われた時の彼女は、いつもとはちょっと違うやり方を提案してくれました

※私が実際に行なったコミュニケーションをより身近に感じてもらえるよう、Lauren's Communication では日本語と英語の両方を載せています。

Muskoka / マスコカ

わたし：　私たち、前よりもずっと身近で仲のよいパートナーになったわ。私はこの感じが好きなの。私たちとてもいいチームよね。障害を越えたり、走ったりしている間に、どうやったらあなたともっと一つになれるのかしら。そうしたら、もっと調和の取れた動きができるでしょう。

マスコカ：　ハイ！　あなたとまた話せてうれしいわ。わたしは、今わたしたちがやっていることとか、そのやり方については満足しているの。わたし、本当に幸せよ。あなたが、わたしの身体の一部になりたいっていうのは、いい考えだと思う。とにかくわたしと一つになってみて。
（メモ：ここでマスコカは、アンが自分の身体に抱きついて、そ れから身体の中に溶け込んでいく様子をイメージで送ってきた）

わたし：　そんなの簡単にはできないわ。

マスコカ：　いいえ、簡単よ。わたしの背中にまたがって、身体がわたしの中に溶け込むところは想像できる？　わたしが力を溜めこむと筋肉が緊張して、ジャンプすると筋肉がゆるんで伸びるのも感じられるようになるわ。わたし、そう考えるのが好きなのよ。

わたし：　そうね、私にもやれそうだわ。確かに面白い考えね。体重を移動させるとか、もっと私が普通にできるようなことはない？

マスコカ：　ううん、ないと思う。ただ、できるって信じて。障害を飛ぶ時も、じっと目を凝らしたらダメよ。飛び越えなきゃいけないものだとか、障害だと思っちゃダメ。それは通り抜けられるものなの。水や風みたいに通り抜けるの。やわらかくて、一つになったみたいに感じられるの。小川で小石の周りを水が流れるみたいにね。

わたし：　あらあら、あなた今日はまるで詩人みたいね。

マスコカ：　そうよ、わたしだって奥が深いのよ。

わたし：　そうね、わかったわ。全体的には、私たちってうまくやっていると思う？

マスコカ：　ええ。問題は、もっと色々磨きをかけて、スムーズにいくようにしなくちゃってことかな。そんな機械的なものじゃないのよ。

わたし：　わかったわ。私たちの目標は、必要な時に歩幅を広げたり短くしたりしながら、同じリズムでコースをキャンター（かけあし）で回ることね。

マスコカ：　そう。わたしもやってみる。もっとスムーズにできるかも。自分で言ったことを練習しなくちゃ。

わたし：　一緒に練習しましょう。身体の調子はどう？　どんな気分？　私があげたハーブでお腹の調子は変わったりした？　誰かに身体を診てもらう？

マスコカ：　お腹は大丈夫。関節とか脚が少し痛むのは知ってるでしょ？

わたし：　かわいそうに。マッサージとか何か必要？

マスコカ：　ウォーミングアップは十分にしたいわ。温まった筋肉をすぐに冷やすのもダメ。マッサージは、そうね、筋肉をこわばらせないためには、いいかもしれない。

わたし：　しょっちゅう痛いの？

マスコカ：　ほとんど感じないこともあるわ。わたしが水のように動きたいのはそのせいなの。そのほうがわたしの身体にはやりやすいの。滑らかな動きとリズムがいいの。

わたし：　そうなのね。あなたは何か薬が必要だと思う？

マスコカ：　今はいらないわ。

わたし：　今年の夏には、いくつか競技会に参加しようと思うんだけど、楽しいと思う？　競技会に出るのは緊張する？

マスコカ：　競技会はちょっと緊張するわ。わたしは、楽しむために走りたいし、あなたとのチームワークでいい仕事をしたいの。仕事に関しては、わたしはあなたに感謝しているのよ。競技会はあんまり楽しくないけど、わたしたちに仕事の目標を与えてくれるわ。だから、いいと思うわ。それに時々緊張するようなこともやらないとね、そうでない人生って一体何だと思う？　心の赴くままにするのよ。

わたし：　ええ、その通り。あなたのことがとても大好きよ。あなたが友達で、パートナーでいてくれて嬉しいわ。あなたは幸せ？　何か足りないものはない？

マスコカ：　わたしはとても幸せだし、完璧よ。わたしたちが一つになれたら、もっと楽しいんじゃないかな。水のように一緒に流れるの。

わたし：　その考え方も好きだわ。色々とありがとう。あなたのこと、本当に愛しているわ。

マスコカ：　わたしもよ。それじゃあ、またね。

わたし：　また話しましょうね！

Muskoka

Lauren: I feel like we have become even closer and better partners, I love that feeling, we feel like a strong team together. How can I feel even more like "one" with you while we are jumping and riding? So we can be even more in unison.

Muskoka: Hi! Good to talk to you again. I feel really good about what and how we are doing. I'm really happy. In terms of your feeling more like a part of me–well that is a fine idea. Just become a part of me!
(Muskoka showed me a picture of Anne folding, merging, herself into Muskoka's body.)

Lauren: That's not so easy.

Muskoka: Sure it is. You can imagine yourself on my back and your body "sinking" into mine. You will feel my muscles contract as I gather myself, and then lengthen and expand as we jump. I love that idea.

Lauren: Well I guess I can try that. It does sound fun. Is there anything more conventional I can do with my body, like shifting my weight?

Muskoka: No, I don't think so. Just make sure you anticipate. Look at the jump but not with hard, staring eyes. See it not as something to clear, not as an obstacle. It is something to move through. We should flow over it like water or wind. It's a soft, unified feeling. Water over a stone in a stream.

Lauren: My goodness, you are poetic today.

Muskoka: Oh yes. I'm deep you know!

Lauren: So I see. In general though, you think we are doing well?

Muskoka: Yes. Now it is just a question of refining, smoothing things out. Not so mechanical.

Lauren: I see, okay. You know the goal is to canter around the course with the same rhythm, just lengthening and shortening your stride when we need to.

Muskoka: Yes, I need to work on that. I could be smoother. I need to practice what I'm talking about.

Lauren: We'll both practice. How is your body? How do you feel? How is your stomach with the herbs I have been giving you? Do you feel like you need any body work?

Muskoka: My stomach is now okay. You know my joints, legs, get a bit sore.

Lauren: I'm sorry. Do you need massage or something?

Muskoka: I need to be well warmed up, and I need not to go from hot to cold too fast. Massage, yes that would be nice to keep the muscles from getting short and tight.

Lauren: Are you often sore?

Muskoka: Sometimes it's barely noticeable. That's why I want to move like water. It will be easier on my body. Smooth motions and rhythms.

Lauren: That makes sense. Do you feel you need anything like medication?

Muskoka: Not right now.

Lauren: We will try to go to a couple of horse shows this summer, does that sound like fun? Do horse shows make you nervous?

Muskoka: Shows do make me a little nervous. I like to ride for the fun, for doing a good job with you as a team. I'm grateful for that. Shows are not as much fun, but they do give us something to work towards, an objective. So I think they are good. Besides, what's life if you can't do something that makes you nervous once in a while? Gets the blood going.

Lauren: Yes, it does. I love you very much I'm so happy you are my friend and partner. Are you happy with your life, is there anything missing?

Muskoka: I'm very happy and I feel complete. It will be even more fun when we achieve those moments of unity. Water flowing together.

Lauren: I like that idea too. Thank you for everything. I do love you.

Muskoka: Me too. Bye until next time.

Lauren: Until next time!

自分なりのコミュニケーションをみつけよう

紹介したコミュニケーションからは、アニマル・コミュニケーションを使うタイミングや、どの程度動物たちと理解しあえるのか、といったことがわかるのではないでしょうか。

ところであなたは、私がテレパシーで情報を受け取る時のスタイルが言葉であるということに気付きましたか？　実際には映像や感情、音なども受け取っているんですが、私のコミュニケーションは主に言葉による会話で進められるんですよ。

あなたのコミュニケーションは、これとは全く違うスタイルかもしれません。言葉の代わりにイメージや感情を受け取る場合もあるでしょう。でも、練習を続ければ、私のように色々なスタイルの情報を受け取れるようになりますよ。マイちゃんもこう言っていましたよね。
「物事を成り行きに任せること。何も期待しなければ、全てを与えられるわ」

Lauren's Advice

01. 私たち人間と同じように、動物たちの話し方にも個性があります。ウィットにとんだ会話ができるものや、おしゃべりなものもいれば、要領よく話をするものもいます。

02. 動物たちはあらゆる物事に対して自分なりの考えを持っています。常に彼らの考え方を尊重し、認めてあげましょう。

03. 動物たちと話す話題に制限はありません。彼ら自身や私たちの暮らしに影響を与えるアドバイスがもらえることもあるんですよ。

Chapter 14

アニマル・コミュニケーションにおける倫理観

これからアニマル・コミュニケーションを学ぶ中で、あなたもさまざまな問題に直面することになると思いますが、中でも〝倫理〟に関する問題は特に重要です。

倫理は〝正否〟〝公平〟〝正義〟などを定義するものです。そして、倫理的な価値観というのは、私たちの暮らしの中の文化や道徳観の影響を受けるものでもあります。また、国によっても個人によっても考え方が異なるため、絶対的な倫理観を定めるのは非常に困難だと言えます。もし定めるとしても、一つの物事に対して、それに関わる全員が正しいと感じる〝共通認識〟という程度のものに過ぎないはずです。

Chapter 14では、アニマル・コミュニケーションにおける倫理観、そしてコミュニケーター（プロとしてお金をもらうのか、友人や家族を助けるだけなのかにかかわらず）としての行動に、その倫理観がどんな影響を与えるのかについてお話しします。

ライセンスがないアニマル・コミュニケーターの仕事

残念ながら、アニマル・コミュニケーターという職業には何の規則もありません。つまり、コミュニケーターとしての実力の有無や、どのような倫理に従って仕事をしているかに関係なく、誰でも動物たちと話すことで報酬が得られるというわけです。確かに、アニマル・コミュニケーションの業界全体で共通の倫理規約を作り、コミュニケーターたちはその規約に従って活動すべきだとは思いますが、そのような制度を導入するのはかなり難しいでしょう。中には、独自に行動規約や倫理規約を作成しているコミュニケーターもいますし、私もその一人です。私の倫理規約はすでにさまざまな言語に翻訳されていて、私が実施している対面の講座やオンライン講習でも取り上げてきました。あなたにも、ぜひこの倫理規約に賛同してもらいたいと思っています。

もちろん、内容に注意をする必要はありますが、自分なりの倫理規約を作っても構いません。あなた自身の倫理規約は、あなたの動物たち（やその飼い主さんたち）を敬う気持ちや、コミュニケーターとしての意識を示すバロメーターにもなってくれるでしょう。

倫理規約ってどんなもの？

ここで紹介する倫理規約は、私が作成したものです。アニマル・コミュニケーションにおいて一番重要だと思われる考え方を集め、これまでに何度か改訂も重ねているんですよ。コミュニケーションを行なう時には、それがプロとしてであっても、練習であっても、家族や友人たちのためであっても、これを忘れないでくださいね。

倫理規約

第１条　全てのコミュニケーションにおいて、先入観を持つことなく、関係する全ての人や動物には尊敬の念を持って接します。

第２条　誰にでも自分の主張があるということを理解し、それを自由に、正直に、明らかにする権利を尊重します。
アニマル・コミュニケーターとして、人と動物双方が意見を伝えあうコミュニケーションの進行役となり、報告者となり、通訳となります。動物たちのメッセージを編集したり、美化したり、言い換えたりはしません。

第３条　アニマル・コミュニケーションが、資格を持つ獣医師の治療に代わるものではないことを理解し、病気の診断や治療は行わず、動物の健康管理に携わる有資格者の人たちに役立ててもらうための情報を集めます。

第４条　動物たちはもちろん、手助けを必要としている人々に対する守秘義務を尊重します。コミュニケーションを行った動物の飼い主による許可がない限り、他人とそのコミュニケーションに関して議論したり、内容を明かしたりはしません。

第５条　常に、全ての人の最上の利益と、最大の幸福を追求するために活動します。アニマル・コミュニケーションを、異種の生き物同士が相互理解を深め、人と動物との絆を深めるための強力な手段とみなして利用します。

第６条　アニマル・コミュニケーションを、スピリチュアルな面でも精神的な面でも、そして感情的な面でも、当事者全員の幸福に大きな影響を与えるものとみなして利用します。情報を受け取る能力や、先入観を持たずにコミュニケーションを行う能力が妨げられないように、自分の感情や個人的な信仰心、スピリチュアル的な価値観を排除します。

第７条　アニマル・コミュニケーションには、常に穏やかな精神で臨みます。愛と思いやりを自分の道しるべとします。

第８条　飼い主の許可なしには、動物たちとコミュニケーションを取りません。自分の保護者としての役割を厳格に考えている飼い主の意思を尊重します。動物たちにも権利があるということを理解し、同時に、大抵の人が許可のないコミュニケーションを、自分の領分の侵害、プライバシーの侵害だと考えるということを理解します。

ここで紹介した倫理規約の内容には、疑問を挟む余地はないとは思います。ただし、いくつかの条項については説明を加えておきます。

補足①　第２条について

アニマル・コミュニケーションは、誰にとっても面白く、楽しく、そしてやりがいがあるものですよね。私は自分の仕事が大好きです。そして、自分が人々や動物たちの助けになっているという事実が、私に達成感や幸福感、充足感をもたらしてくれているんですよ。ただ、時には飼い主さんが聞きたがらないような、もしくは彼らを悲しませるような話を伝えなければならない場合もあります。それは、決して気持ちのいいものではありませんが、動物たちが言ったこと、もしくは彼らが送ってきた映像や感情などの情報を、そのまま飼い主さんたちに伝えることが、コミュニケーターの義務なのです。

伝えるべきかどうかを判断してはいけません。コミュニケーターの役割は通訳です。自分に与えられた情報を、飼い主さんと動物それぞれが理解できるような形にして、全て伝えなければいけません。

もし、嫌な情報は知りたくないとか、聞かされた情報に対して感情的に振る舞う飼い主さんと付き合いたくないと思うのであれば、通訳者になるべきではないでしょう。そういう人にはアニマル・コミュニケーションは向いていないと思います。

補足② 第4条について

アニマル・コミュニケーションのような面白い体験について、第三者に話したいと思うこともあるでしょう。でも、話題となる動物や飼い主さんが、特定されないように気をつけてくださいね。私も、コミュニケーションの内容について話す時は「〜って言った面白い犬がいるのよ」のように、動物やその飼い主さんの身元を明かすことはありません。また、自分のウェブサイトや本、講座の中でコミュニケーションの内容を紹介したい時には、まず飼い主さんに話をして、書面による許可を出してもらうようにしています。

自分のコミュニケーションが紹介されることは嬉しいけれど、実名ではなく仮名を使って欲しいと言う人も多いんですよ。実際、この本で紹介している例の中にも、そういったものがいくつかあります。

アニマル・コミュニケーションでは、人からも、動物からも、とても個人的な話を打ち明けられることがあります。動物たちとその飼い主さんの絆はとても強いので、他の家族が知らない彼らだけの秘密を知ることもあるんです。

医師やカウンセラー、あなたの知っている他のアニマル・コミュニケーターは、あなたのプライバシーを守ってくれますよね？　あなたも自分が行ったコミュニケーションに関わる人や動物たちのプライバシーを守るようにしてくださいね。

補足③　第８条について

動物たちにはそれぞれ自分の意思があり、当然、誰とコミュニケーションを取るか、自分で決める権利も持っています。ただ、同時に飼い主さんたちは〝動物の保護者〟という自分の役割を非常に真剣に捉えていて、自分が許可していないコミュニケーションを、プライバシーの侵害であるとか、動物たちの安全や幸福を脅かすものであると考えることがあるんです。

飼い主さんたちの動物たちに対する保護者精神は、（人間の）親が子供たちに対して持つ保護者精神とよく似ています。知らない人が我が子に近づいてきて勝手に話しかけるなんて、誰だって嫌ですよね。飼い主さんの許可を得ずにコミュニケーションを取ることで、自分の評判を落とし信用を失うことも考えられます。必ず飼い主さんの許可を得るようにしてくださいね。

こんな時、あなたならどうしますか？

ここで、倫理的な判断が求められる簡単なクイズに挑戦してみましょう。実際に起こりうる4つの状況について、倫理にかなった選択肢とそうでないものが書かれていますので、AとBのどちらが正しいかを考えてみましょう。

Q1 あなたは、友達の一人から頼まれて猫とコミュニケーションを取りました。そして、その友達の私生活について、興味深い事実をたくさん知ってしまいます。後日、共通の友人から、その時の猫の話を教えて欲しいと言われたあなたは……。

A その質問には答えたくないので、興味があるなら猫の飼い主である友達に直接聞いてほしいと答える。

B どうせお互いに知っている友達だからと思って、面白いと思う話を事細かに教える。

Q2 あなたは、自分のウサギが幸せかどうかを知りたいという女性の依頼を受けました。そのウサギとコミュニケーションを取ると、一人ぼっちで寂しいので仲間が欲しいと言っています。その時あなたは……。

A 飼い主さんに確認するのは面倒なので、とりあえず「新しいウサギを飼ってあげる」と返事をする。

B 「寂しい思いをさせて、ごめんなさい」と伝え、彼にとって一番よい手を探してみると話す。

Q3　トイレを使ってくれないことを理由に、両親が自分の猫を追い出してしまうと心配している女性が、あなたに助けを求めてきました。その猫は、今トイレがある場所はせわしなくて落ち着かないので、飼い主さんの寝室に移して欲しいそうです。その時あなたは……。

A　飼い主さんは焦っている様子なので、猫の要望に応えてくれるはずだと考えて、その場でトイレを寝室に移すことに同意する。

B　トイレの場所を移したいことはわかったと伝えるが、飼い主さんが寝室ではダメだと言う可能性もあるので、寝室以外にトイレを置いてもいい場所があるかを尋ねる。

Q4　あなたの同僚は２年前から犬と一緒に暮らしていますが、仕事のない週末しかその犬と一緒にいられないそうです。その犬は、いつも一人で楽しくないし、もっと散歩に行きたい、他の人や犬にも会いたいと言っています。また、飼い主さんのことは愛しているけれど、自分たちが一緒にいるのはよくないから、よその家に行きたいそうです。同僚にこれを伝えて傷つけたくはありませんが、その時あなたは……。

A　同僚には犬の話を正確に伝え、彼に同情の意を示し、できる限り優しく接する。

B　同僚には、犬がよその家に行きたがっているという部分は言わずに、もっと散歩に行きたいようだとだけ伝える。

倫理的に正しい答えは次の通りです。

Q1 = A、Q2 = B、Q3 = B、Q4 = A

これら4つの例は、今後あなたが直面するかもしれない場面のうちの、ごく一部に過ぎません。ただ、私の作った倫理規約に従えば、どんな場面でも正しい選択肢を選べるはずですよ。

倫理に反する行動とは？

まだコミュニケーションを学んでいる途中の人はもちろん、プロのアニマル・コミュニケーターの中にも、倫理に反すると思われる行動をとっている人がいます。ここでは実際にあったケースを紹介しますので、あなたも気を付けてくださいね。

私のアニマル・コミュニケーター養成講座の受講生の一人が、プロのコミュニケーターとして仕事を始めてしばらくしてからのことです。彼女は新規のクライアントを探すためにウェブサイトを作り、自分がどれだけ素晴らしい仕事をすることができるのかを示すために、過去に行ったコミュニケーションの内容をサイトに掲載しました。

ところがそのサイトでは、クライアントや動物の実名が使われていたうえ、その内容には個人的な事柄も多く含まれていました。しかも、信じられないことに、彼女は事前にクライアント本人の許可を得てもいなければ、個人情報に修正を加えることもしていなかったんです！

後日、この記述は削除されましたが、残念ながら、すでにクライアントのプライバシーは侵害され、コミュニケーターの評判にも傷がついてしまっていました。

これは防ごうと思えば防ぐことができた、本当に残念なケースの一つです。

次は、馬搬送トラックに乗るのを怖がる一頭の馬のケースを紹介しましょう。過去に何度も売買されてきたこの馬にとって、トラックに乗ってどこかへ行くことは、自分が売られたことを意味していました。

ある厩舎で暮らし始めた時、この馬にはたくさんの友達ができました。そして、そこでの生活を気に入り、これ以上売り買いされたくないと思っていたのですが、残念なことに、オーナーは彼を売りに出してしまいました。

新しい厩舎に連れて行くためのトラックが用意されましたが、この馬はどうしても乗ろうとしませんでした。そこで、オーナーはプロのコミュニケーターを雇って彼をトラックに乗せるのを手伝ってもらうことにしたんです。彼はそのコミュニケーターにこう言いました。

「僕はトラックに乗るのが怖いんだ。それに、僕はここを離れたくない。トラックに乗ったらどこかへ連れて行かれるんだよね？」

ショッキングなことに、そのコミュニケーターは彼に対して嘘をつきました。1日だけ別の牧場に行って、また帰って来るのだと言ったのです。彼女の言葉を信じた馬はトラックに乗り、2度ともとの厩舎や友達のところへ戻ってくることはありませんでした。

これは倫理的に許されない、そしてひどく悲しい話だとは思いませんか？　このコミュニケーターは、その馬が寄せてくれた信頼をぞっとするような方法で裏切ったんです。恐らくその馬は、全ての人間に対する信頼を失ってしまっているでしょう。

アニマル・コミュニケーションを、思い通りに動物たちを操る便利な道具だと考える人もいます。でも私にとっては、動物たちや私たち人間に与えられた、素晴らしい〝贈り物〟です。言葉を話せない動物たちの意思を伝えるという役目は、特別な名誉に値するものだと思いませんか？

私は、金銭的に余裕のない人や動物保護施設、保護団体のためにも惜しまず時間を割くように努めています。

大規模な自然災害が起こった時、私の住む地域は100匹以上の被災した動物たちを受け入れました。私はその時、彼ら一匹ずつを元気付け、面倒を見てくれる人たちはあなたのことを愛していて、力の限り助けになりたいと思っているのだと伝え、何か必要なものはないかと尋ねて回りました。

その中で、今でも忘れられないのが、一匹のとてもやせ衰えたクーンハウンドです。彼は、体中が痛むので、やわらかいベッドが欲しい、そして1日中寝そべっていられる芝生の庭がある家に住みたいと言いました。

私が保護施設のスタッフにこの話を伝えると、彼らはふかふかのベッドを用意してくれました。また、3週間後に私が確認したところ、とても広い芝生の庭がある家に住む若い夫婦が、彼を引き取っていったことがわかったんです。太陽の光が降り注ぐ芝生の上に寝転びながら余生を過ごす彼の姿を想像すると、私は今でも笑みを浮かべずにはいられません。

アニマル・コミュニケーションは、正しい目的のために、よりよい変化のために、そして地球上に暮らす全ての生き物にとってよりよい世界を作るために使ってください。

Lauren's Advice

01. 常に倫理にかなった正しい選択をしましょう。

02. アニマル・コミュニケーターにとって、倫理観の有無は非常に大切です。

03. 時には、辛く悲しい情報を伝えなければならないこともある、という覚悟を持ちましょう。

04. アニマル・コミュニケーションを使えば人々や動物たちを助け、お互いの絆を深めることができます。同時に、これはそのような目的のみに使われるべきものなんですよ。

Chapter 15

最後に

そろそろあなたも、アニマル・コミュニケーションの実践的なテクニックや動物たちの死生観、そしてアニマル・コミュニケーターとしての倫理観について、もう十分に理解できている頃でしょうか。ここで最後に、スキルアップを目指すあなたへ、私からのアドバイスとメッセージを贈ります。

アニマル・コミュニケーションを学ぶ秘訣とは？

アニマル・コミュニケーションを学ぶ時、忘れてはいけない大切なポイントは、

①練習すること

②さらに練習すること

③もっと練習すること

の3つです。

どんなに素晴らしい先生に教わったとしても、どんなに優れたテクニックを使ったとしても、上達するためには練習が欠かせません。「どうやって練習する時間を作ったらいいの？」なんて思ってはいませんか？　私自身も毎日忙しくしているので、そう思うのもよくわかります。でも、練習にかける時間は、あなたが考えているほど長くなくても大丈夫な

んですよ。

私がよく皆さんに伝えるのは、アニマル・コミュニケーションを学ぶという時に8割を占めるのが「頭の中から出て、そこに居続ける方法を身につけること」だという点です。残りの2割——動物に呼びかけたり、質問したりすること——は、そう難しくありません。

Chapter7で紹介したスキルアップのピラミッドを思い出してください(90ページ参照)。ピラミッドの一番下の部分は基礎のテクニックです。この段階にいる間は、練習時間の8割をニュートラル・スペースへ行くための練習に割きましょう。練習時間が限られるなら、いずれかのテクニックの一部を、10分から15分ほど練習するだけで構いません。日常生活に、テクニックの一部を取り入れて練習するのが好きだという人もいます。例えば、通勤電車の中やお店でレジに並んでいる間にエネルギーのコードを伸ばすとか、ストレスを感じたり眠れなかったりする時にハート・スペースへ行くといった具合です。最低でも週に2～3回はテレパシーを使う練習をしましょう。そうすれば、じきに簡単にハート・スペースまで行けるようになるはずです。

もう少し時間に余裕のある人は、一段階レベルを上げて、(できれば面識がない）動物を相手にしたROEに挑戦してみましょう。ニュートラル・スペースで動物と一緒に過ごすことは、緊張したり時間を気にしたりせずに彼らと会話をする練習になります。多くの人にとって、情報を送ることよりも受け取るほうが難しいのですが、ROEでは、情報を受け取ることに集中してください。このエクササイズはとても便利なので、私もよく使っているんですよ。

もちろん、動物たちとコミュニケーションを取れるようにならなければ、意味がありませんよね。動物たちと話す練習は、週に一度は行なってください。時間のある人は何度でも練習して構わないんですよ。多くの経験を積んで、自分に自信をつけることが大切ですから、いつでも最低２つは自分の力を確かめる質問をするようにしましょう。

この時、1回の練習が15分だとしたら、そのうち12分はハート・スペースに留まる練習をしてください。動物と話すのは、残りの３分だけで十分です。また、頭で考えたり、耳で聞こうとしたりしても、何も得られません。これも大切なポイントですよ。

よその家の動物たちとのコミュニケーションも大切ですが、自分の家の動物たちともぜひ練習してみてください。次の３つの理由から、よその家の動物たちと話すよりも難易度が高いのは確かですが、いい練習になりますよ。

① 自分の家の動物については知っていることが多く、返事の内容を予測してしまう可能性がある。

②（気持ちを確認する場合は特に）こう答えてほしいとか同意してほしいという思いが働き、正しい返事を聞き逃がす可能性がある。

③経験を積んで、コミュニケーションが取れているかどうかを自分で判断できるようになるまでは、自分の考えと動物たちの考えが区別できない。

継続して練習するのは、誰にとっても大変です。でも、練習を続ければ、いつか必ずうまくできるようになりますよ。私の講座やプライベート・セッションを利用してもらうのも大歓迎です。喜んでお手伝いしますよ。来日スケジュールや活動内容、連絡先のメールアドレスは私のウェブサイト*7で確認できますし、日本語にも対応していますので、安心してくださいね！

自分のモチベーションを大切に

独学でアニマル・コミュニケーションを学んできた私にとって、一番大きな壁は〝自分の能力を疑うこと〟でした。きっと、あなたにとっても同じだと思います。

アニマル・コミュニケーションは目に見えず、自分では、コミュニケーションが成功したかどうか確認できないこともあります。そして、多くの人が「どうせ、どんな犬でも同じことを言うわ」とか「私の想像が答えているだけよ」、「自分の知っている事実をもとにして、勝手に考えついたんでしょ」と言って自分を否定してしまうんです。私も、その一人でした。何の進歩も感じられなくて、「私はどこかおかしいに決まってる。こんなのできっこない！」と頭の中でくり返していたこともあります。

ところが、そんな風に否定的に考えてしまう自分こそが、最大の壁なのです。私は、アニマル・コミュニケーションをあきらめようとしたことがあります。その時、どうせ辞めるなら、その前に一度、間違いなんて気にせずやってみようと開き直ったんです。すると緊張がほぐれて、うまく情報を受け取れるではありませんか！

もちろん、その頃の私は、健康や生命に関わるような、深刻な問題は決して話題にしませんでした。練習中は、自分のスキルに自信がないということを、相手の動物とその飼い主さんに理解してもらい、答えが間違っていても構わないような質問だけを選べばいいでしょう。そう考えれば、プレッシャーも多少は軽くなりますよね。

自分の受け取った情報や自分自身の能力を疑い、失敗は無駄だと考えるか、成功も失敗も含めた全てのコミュニケーションに意味があると考えるか。あなたはどちらでしょうか。

コミュニケーションの練習には成功も失敗もありますが、結果にこだわっていても仕方がありません。大切なのは、リラックスしてコミュニケーションすること、そして、〝練習〟ではなく〝未知のワクワクするような世界への冒険の旅〟だと考えることなんですよ。

アニマル・コミュニケーションを学ぶのも、他のスキルを身につけるのも、同じようなものだと自分に言い聞かせてください。ピアノを習い始めたばかりで、一切間違わずに弾けるようになるとは思わないでしょう？

アニマル・コミュニケーションを楽しもう

動物たちとコミュニケーションを取るのに理由なんていりません。彼らと一緒に楽しく過ごせれば、それで十分ですよね。居間でくつろぎながら、動物たちに「テレビを見る？　それとも遊ぶほうがいい？」と聞いたっていいんですよ。

こんな風に、動物たちとの日常会話を楽しめるようになるまでには、少し時間もかかるでしょう。それでも、そう遠くない将来、あなたもきっと彼らと自然に話せるようになるはずです。

動物たちが私たちと同じようにテレビを楽しんでいるわけではないことに、お気づきでしょうか。チラチラと画面の方を見ていたとしても、彼らが楽しんでいるのは、私たちのそばに寝そべって一緒に過ごすことなんです。もちろん、我が家のアリーのようにネイチャー系の番組を楽しむ犬もいます。ルパートのように、家で映画を見るのが大好きではあるけれど、映画に興味があるわけではない犬もいます。

「今晩はポップコーンを作る？」

必ずこの質問をするほど、ルパートは本当にポップコーンが大好きだったんですよ！

自分自身の変化を見つめよう

アニマル・コミュニケーションは、楽しくて便利なだけではありません。動物たちの賢さから学ぶこともたくさんあるでしょう。宇宙の神秘について教えてくれることもあれば、ユーモアやストレートな物言いであなたを楽しませてくれることもあると思いますよ。

魂とのコミュニケーションは、本当に素晴らしいものです。あなたは、スピリチュアルな体験なんて自分には関係ないと考えているかもしれません。でも、アニマル・コミュニケーションを使えば、今まで知らなかった動物たち（または自分自身）の別の側面を見ることができるんです。

そのうちの一つが〝死〟への向き合い方です。誰だって気持ちの沈むような、病気や死に関する話題は避けたいものでしょう。ところが、Chapter 12 でお話ししたように、動物たちは死を恐れず、当たり前のように話題にしているんですよ。

誰も死を避けて通ることはできません。しかし、動物たちとそれについて語り合うことで、死を恐れる気持ちや愛する者を失った悲しみと向き合えるようになった人はたくさんいます。あなたも、ぜひ彼らの死への向き合い方を学んでみてください。

動物たちと話をすることで、自分自身の考え方が変わることもあります。困っている動物たちを助けたり、動物愛護団体に寄付をしたり、保護された動物たちを引き取ったりするようになった人もいますし、プロのコミュニケーターの中には、私も含めて、ベジタリアンになった人がたくさんいます。

今後アニマル・コミュニケーションが、あなたにどんな影響を与えるのかはわかりません。それは「うちの子のことが前よりわかるようになった」といった、小さな変化かもしれません。でも、きっとあなたにも、変化が起こると思いますよ。

理解を示してもらえない人への対応

まだまだ世の中には、テレパシーなんて信じられないとか、胡散臭いと言う人がいます。そういった人たちの前では、あまりアニマル・コミュニケーションを話題にしたくはないですよね。

「アニマル・コミュニケーションを信じない人には、どうやって納得してもらうのですか？」

たびたび聞かれるこの質問に対して、私はいつもこう答えています。

「そういう人たちに納得してもらおうとはしません」

全ての人がアニマル・コミュニケーションを認めてくれるとは限りません。人はそれぞれ異なる考え方や興味を持っていますよね。中には当然、アニマル・コミュニケーションを信じない人もいますし、私はその考え方も尊重したいと思っているんです。

人の世界観は、その人の成長に合わせてどんどん変化するものです。そして、私たちにできるのは、人々の頭の中に種（アニマル・コミュニケーションの考え方）を蒔くことと、変化が訪れるのを待つことだけ。種に水をやるかどうかは本人次第なんです。

他人を無理に納得させようとすれば、相手に嫌な思いをさせてしまうこともあるでしょう。大切なのは、あなたが何を感じ、何を真実だと思うかです。アニマル・コミュニケーションの旅路は、あなた一人で歩まなければいけません。他人を巻き込んではダメですよ。一度種を蒔いたら、後はその人の意志に任せてあげてくださいね。

この本を読んでいるあなたへ

アニマル・コミュニケーションを学ぶ課程は、自分自身を見つめなおす〝心の旅〟です。その成果は、いつかはあなた自身にもわかるようになりますよ。ダンスや数学や絵の才能が人それぞれであるのと同じように、アニマル・コミュニケーションにおいても、成果が人より早く出る人や始めから才能のある人もいれば、そうでない人もいるでしょう。一つ確かなのは、アニマル・コミュニケーションは、あなたにもできるということです。そのために必要なのは、

①練習すること

②さらに練習すること

③もっと練習すること

の3つだけですよ！

この本は、もう終わりが近づいてきました。でも、あなたの旅はまだ終わりではありません。楽しく驚きに満ちた旅が

続けられるように、いつかあなたも動物たちの賢さを知ることができるように願っています。私の心は常にあなたと共にあるということを、忘れないでくださいね。

最後に、私の家族からの応援メッセージを紹介します。

マーヴィン（モルモット）

「怖がらないで。君にもできるよ！　これは、小さな練習の積み重ねであって、大変なものじゃないんだ。**一度に一つずつ練習するんだよ。**これが小さな僕流のやり方なんだ」

ルーク（猫）

「動物と話すって楽しいことなんだ！　**きみ自身の旅を楽しんで**」

アリー（犬）

「アニマル・コミュニケーションが、**動物たちが生きる〝現在（いま）〟への扉を開いてくれる**でしょう。そして、今この瞬間を楽しみ、人生の一日一日を満喫することも教えてくれるでしょう」

カディジャ（猫）

「アニマル・コミュニケーションで**大事なのは、他の動物と心の深いところで繋がること。**お互いをより理解しあえるし、この世界での試練に決意と思いやりをもって挑むわたしたちを助けてもくれるのよ」

*7　来日スケジュールやプライベートセッションの詳細は、ローレン・マッコール日本語ウェブサイトをご確認ください。

https://www.laurenmccalljp.org

Chapter 16 Q&A よくある質問と答え

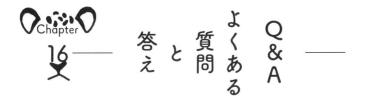

ここからは、私が講座の受講生の皆さんからよく聞かれる質問とその答えを紹介します。

Q「私がよその動物とコミュニケーションの練習をしていると、うちの子（動物）が会話に割り込んできます。どうしたらいいのですか？」

私だったら、まずどうして会話に割り込むのかを尋ねます。ヘルパーやガイド*8として、そのコミュニケーションがうまくいくように手伝いたいのかもしれませんし、何か特別に伝えたいことがあるのかもしれません。ただの詮索好きの可能性もありますが……。

よその家の動物とのコミュニケーションの練習中に、自分の家の動物が側にいると居心地よい場合もあれば、気が散る場合もあるでしょう。もし気が散るようなら、「離れてください」と丁寧にお願いしてくださいね。一対一で練習したいということを説明すれば聞き入れてくれるはずです。逆に、手伝いをお願いしてもいいんですよ。

練習中に、動物たちが周りをうろついて騒いだり、話しかけたりするようなら、丁寧に、しかし断固とした態度で、離れて欲しいと頼みましょう。でも、特に心配しなくても、そんなことはめったに起こらないと思いますよ。

Q「テレパシーを使って話しかけられていることを、動物たちは身体で感じているのですか？　もしくは、感じることはできるのですか？」

私たちがコミュニケーションを取るのは動物たちの魂です。身体がそれを感じることはありません。ただし、会話の内容によっては、行動が変わる場合もあるんですよ。犬に対して、なぜ猫に向かって吠えてはいけないのかを説明すれば、吠えるのを止めてくれるというのが、いい例ではないでしょうか。動物たちは、話しかけられていることを、身体でもなんとなく理解しているのかもしれません。

Q「ハート・スペースで動物たちと結びついている間、彼らはそれとわかるような仕草（私のことを見つめたり、しっぽを振ったり、まばたきするなど）をすることはありますか？」

これを聞くとがっかりしてしまうと思いますが、コミュニケーションの最中に、動物たちの身体がそれを示すような仕草をすることはめったにありません。きっと誰でも、動物たちが合図を送ってくれることを期待しているでしょうね。ところが、私たちがコミュニケーションを取るのは、高尚な存在である魂なので、身体はコミュニケーション中であっても、普段と全く同じように過ごしているんですよ。

昼寝をしたり、おやつを食べたり、水を飲んだり……。

ちょっと外に出ていくとか、干し草を食べていることもあるでしょう。先ほどお話ししたように、コミュニケーション中であることを、身体で理解することはできるかもしれませんが、それが目に見えてわかることはないでしょう。

Q「私のいけないところは、自信が欠けているところだと思うんです。私は頑張りすぎなんでしょうか？」

自信がないことと頑張りすぎかどうかというのは、別問題ですよ。

まず、自信を持ちたいのであれば、よその動物たちを相手に練習をするのが一番効果的です。きちんと情報を受け取れていることが証明されれば、自然に自信がつきますよ。自分の能力を疑うのは、おかしなことではありません。練習を続けてください。そして、面識のない動物を相手に、自分の力を確かめる質問をどんどんしましょう。そうすればより早く自信が持てるようになれますよ。

何かを一生懸命にやれば、褒められる。そんな生活を送っていれば、頑張りすぎてしまうのも当然ですよね。でも、頑張ったらスキルアップするとは限りません。逆に、思い通りに行かなかった場合に、そこでつまずいてしまう可能性もあるんですよ。もう一度、Chapter7の「トライ＆アラウ（努力と受容）」を復習してみてください。アニマル・コミュニケーションは楽しんで学ぶものです。焦っても無駄なんだという事実を受け入れるようにしましょう。

Q「飼い主さんが聞きたがらないようなことを動物たちから聞いてしまった場合、どうすればいいですか？」

動物たちの話はそのまま飼い主さんに伝えなければいけません。あなたには、彼らの話を省略したり、変えたり、曖昧にして伝える義務や権利はないんですよ。ただし、動物たちには自分たちの考えを正確に伝えてもらう権利があります。もう一度、Chapter14に目を通して、倫理規約を確認してください。

Q「年老いてぼけてしまった動物たちとコミュニケーションを取ることはできますか？」

はい、もちろんです！　高尚な存在である魂は、身体と同じように衰えたりはしません。認知障害のような重い症状がある場合は、答えが返ってくるまでに時間がかかることもあるでしょうし、身体の感覚を脳が認識できなくなっている場合には、身体の不調や痛みなどについて尋ねても答えを得られないと思います。それでも、認知障害のある動物たちとコミュニケーションを取ることは可能なんですよ。なぜそのような障害を抱えているのかを、教えてくれることもあるでしょう。

Q「写真を撮った時の年齢と、現在の年齢が異なっている場合、その動物とのコミュニケーションに支障はありますか？」

Chapter8で、特定の動物と話すためには〝正しい電話番号〟(その動物に関する情報) が必要だとお話ししましたよね。名前、見た目、だいたいの年齢、性別などが、希望する動物と確実にコミュニケーションを取るために欠かせない情報です。これらの情報は、直接会って得ることも、写真を使って得ることもできます。

ある程度の年齢に達してから、見た目が変わるという動物はほとんどいません。ウサギの脚が白ければ、その後もずっと白いままですし、馬の額や首にある斑点模様が(色は多少変わるかもしれませんが)消えることもありません。つまり、よほど見た目が変わらない限り、写真の撮影時と今現在の年齢の差は問題にはならないということなんです。もし年齢差が大きいのであれば、念のため「この子の見た目は写真と同じですか?」と確認するといいですよ。

Q「自分のハート・スペースとして、うちの猫の遺灰を撒いた場所を選んでもいいですか?」

ハート・スペースにいる間は、広い意味で〝幸せ〟でなければいけません。つまり、そこが何か思い入れの深い場所であってはいけないということです。その場所に、安らぎや幸福感しか感じないのであれば構いませんが、猫のことを思い出して、その死を悼んだりしてしまうようであれば、どこか別のニュートラル・スペース(中立の場所)を選んでください。

Q「ハート・スペースは、自然のある静かな場所にしなければいけませんか?　都会を選んでもいいのですか?」

これまでに、随分とたくさんの人が私のアニマル・コミュニケーター養成講座に参加してくれました。そんな彼らに共通して言えるのは、次の条件をだいたいでも満たしていれば、どんな場所をハート・スペースとして選んでもうまくいっているということです。

◎気が散らない場所（心地よい自然の音が聞こえる場所は問題ありませんが、車などの騒音が聞こえる場所はよくありません）

◎安らぎを感じられる場所や安心感のある場所

◎感情的になることのない場所や心に残る思い出のない場所（感情や思い出は平穏な心を乱すことがあります）

Q「ハート・スペースは屋内でも構いませんか？」

ハート・スペースを使いこなすには、自分の脳や神経に、あたかもその場所（海辺や牧草地、森の中など）にいるのだと信じ込ませるのに十分なディテールを準備できるかがカギとなります。居間のような室内をハート・スペースに選んだものの、知覚できる要素を盛り込むことができず、結果として繰り返し頭の中へ戻ってしまった人たちを、私は何年にも渡って見てきました。屋内に座ったまま、風を感じたり、背中に日の光を浴びたり、鳥の歌声を聞いたり、足で砂利を踏むのを感じたりするのは難しいですからね。さらに、皆さんが言うには、辺りを歩いて見て回り、実際にそこにいるように感じるには屋外のほうがいいそうです。屋内は、歩き回るスペースに限りがありますから。

屋内にしたい場合の妥協案としては、庭や海辺に部屋を創る方法があります。三方が壁に囲まれていて、壁のない開けたところが外に面している部屋を思い浮かべてみましょう。そうすれば、屋外の音を感じたり、歩き回れる広い場所を確保したりできますよね。

Q「ハート・スペースに入れないほうがいいものはありますか？」

時々、自分のハート・スペースに動物を住まわせる人がいます。それは、自分の身近にいる（いた）動物のこともあれば、ハート・スペースの情景に合った野生の動物（例えば、ハート・スペースが森だったらシカがいるという具合です）のこともあるようです。ただ、彼らがそこにいることで、気が散ってしまうことも考えられます。私としては、動物たちをハート・スペースに住まわせるのには反対です。

ハート・スペースを創る時には、先ほど紹介した３つの条件と、Chapter 3の「自分自身のハート・スペースを創ろう」の部分を読み返すといいですよ。

Q「ハート・スペースは、どんな動物にも気に入ってもらえる場所にすべきですか？　亀のように水辺に暮らす動物たちは、牧場に来られるのですか？」

何度も言いますが、私たちがコミュニケーションを取るのは高尚な存在である動物たちの魂です。物理的に動物たちがハート・スペースに来るわけではありません。亀の身体には水が必要ですが、魂は違うんですよ。ハート・スペースにやってくる動物たちの魂は、実際の身体と同じ姿をしていますが、〝こちら側〟で生きるための条件を気にする必要はないんです。

牧場の真ん中に亀やクジラがいるところを想像するのは、ちょっと無理があるでしょうか。それならば、湖や海をハート・スペースに付け加えるといいですよ。もっとも、動物たちがそれを気にすることは、まずないと思いますが……。一番大切なのは、自分自身に合ったハート・スペースを作ることです。そうすれば、それがどんな場所だとしても、動物たちはあなたに会いに来てくれるんですよ。

Q「街中で、動物たちが話しかけてくるのに気付くことはありますか？」

嬉しいことに（！）、答えはNOです。もし、自分の〝アンテナ〟が常に広範囲の電波を受信するとしたら、絶えずあちこちから声が聞こえてくるので、精神的にかなり参ってしまうでしょうね。この本で紹介してきたテクニックを使えば、望んだ相手の電波だけを受信するようにチューニングできます。そうすれば、あなたも鳥や虫や街中ですれ違うその他のさまざまな動物たちに、いちいち煩わされずに済みますよ。オン／オフのスイッチが身についていれば、安心して過ごせますよね。

また、飼い主さんの許可なくよその家の動物と（偶然に）コミュニケーションを取るのを、未然に防ぐこともできるんですよ。

Q「私の家には複数の動物がいます。そのうちの誰かとコミュニケーションを取っている時に、他の動物たちが会話の内容を盗み聞きすることはありますか？」

一つ屋根の下で暮らす動物たちは、お互いにテレパシーを使ってコミュニケーションを取っています。つまり、会話に参加していない動物が、その内容を耳にする可能性は大いにあるということです。故意に盗み聞きする動物もいるかもしれませんし、たまたま近くにいて聞いてしまうことも考えられます。

同じ家で暮らす複数の動物たちを相手に、一匹ずつ順番に話をする場合、驚いたことに、私が誰と話して誰と話していないのかを、彼らは知っているんですよ！　他の動物たちとの会話の内容を盗み聞きすることは滅多にないと思いますが、少なくともコミュニケーションが行われているということは、みんな気付いているんですね。

Q「動物たちに、時間の感覚はありますか？」

動物たちにも時間の感覚はあります。でも、彼らは時計やカレンダーを使っているわけではありませんので、時間の表し方は私たちとはちょっと違うんですよ。

動物たちは〝1日〟を、日が昇ったり沈んだりするのに合わせて判断しています。そのため、例えば旅行の予定を説明する時に「今日は月曜日なんだけど、私たちは水曜日から旅行に出かけて日曜日の午後8時ごろに帰ってくるわね」と言っても意味がありません。

私だったら「私たち、2日後に出かけるのよ。その4日後には帰ってくるけれど、家に着く頃には外が暗くなっていると思うわ」と説明すると思います。また、外が暗くなってから家族が笑顔で帰ってくるイメージや、再会した時の喜びの感情も一緒に伝えてあげるでしょうね。

〝時間〟については、普段の行動をもとにを判断することが多いようです。朝、晩、夜明け、夕方、夜中といった時間を表す場合には、食事や散歩の時間、乗馬や牧場に出かける時間、ケージから出してもらって家中を走り回れる時間、家族でテレビを見る時間といった言葉やイメージを使って伝えてみてください。

また、〝季節〟は暑い、寒い、暖かい、雨、雪などの天候を表す言葉や、桜の花、木の新芽、満開の花、落ち葉といった木や花などの自然のサイクルを表す言葉で説明するといいですよ。

動物たちが、テレパシーを使って〝時間〟を伝えてくることがあります。誰かから「2週間で戻ります」と聞いた場合、感覚的に時間の長さが分かると思います。その感覚は「一ヶ月、留守にします」と聞いた場合とは異なりますよね。よく動物たちも感覚で時間を伝えてきます。そんな時、私は飼い主さんに、私が受け取ったイメージを説明します。時間を感覚で伝えるというのは、漠然としていて、難しく感じられると思いますが、実際には驚くほど単純なので、すぐに慣れますよ。

*8 ヘルパーやガイドとは、コミュニケーションを練習している人の手伝いをする動物（魂）たちのことを指しています。一緒に暮らしている動物の魂のこともあれば、すでに死んでしまった動物や全く面識のない動物の魂のこともあるでしょう。彼らの存在のお陰で自分に自信が持てたり、他の動物たちとコミュニケーションを取るのが楽になったりするはずです。

著者

ローレン・マッコール（Lauren McCall）

「ローレン・マッコール・アニマルコミュニケーション・アカデミー」の設立者。「“愛”と“思いやり”という共通言語が、文化や種族間の壁を消し去る」という信念のもと、アニマル・コミュニケーションのインストラクターとしてアメリカ、カナダ、ヨーロッパ、中国、台湾、日本で講座を開催し、動物たちの視点を多くの人に広める。
同時に、Tタッチ・インストラクターとしても活躍。英国在住で、配偶者と陽気なメキシコ生まれの犬、人生を謳歌するキプロス島生まれの猫と共に暮らしている。

著書に『永遠の贈り物』（中央アート出版刊）、『ローレン・マッコールのもっと動物たちと話そう』（ハート出版刊）、『Animal Wisdom Word Search: Yoga for the Brain』（日本語版未刊行）がある。ポッドキャスト『Animal Wise』も配信中。

https://www.laurenmccalljp.org（ローレン・マッコール日本公式ホームページ）
https://www.ac-academy.net/（ローレン・マッコール　アニマルコミュニケーション・アカデミー）
https://ttouchjapan.com/（テリントンTタッチ日本事務局）

訳者

石倉 明日美（いしくら・あすみ）

学習院大学文学部英米文学科卒業。編集者として、ローレン・マッコール氏と企画段階から本書に携わり、編集・翻訳を行なう。

川岸 正一（かわぎし・せいいち）

青山学院大学大学院 文学研究科英米文学専攻博士課程修了。高等学校、代々木ゼミナール等予備校講師を経て、翻訳及び英語学研究に邁進する。

表画・挿画

ねもときょうこ

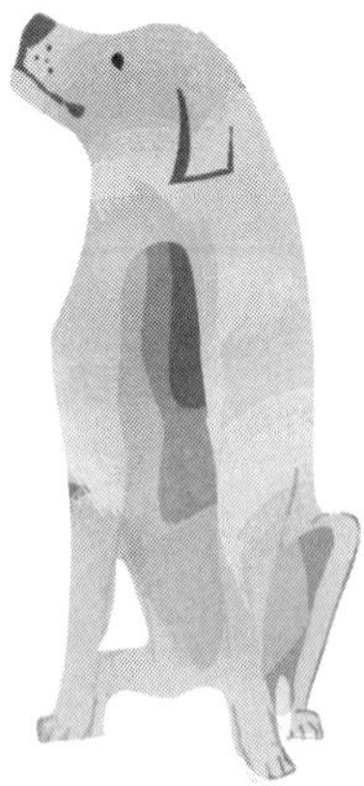

あなたの愛する動物と話そう

ローレン・マッコールが教えるアニマル・コミュニケーション

令和5年 6月2日　第1刷発行

著　者　ローレン・マッコール
訳　者　石倉 明日美
訳　者　川岸 正一
発行者　日高 裕明
発　行　株式会社ハート出版
〒171-0014　東京都豊島区池袋 3-9-23
TEL.03(3590)6077　FAX.03(3590)6078
ハート出版 HP　https://www.810.co.jp

ISBN 978-4-8024-0154-8 C0011

印刷・製本　中央精版印刷株式会社